人工智能应用与实战系列

机器学习
应用与实战

韩少云　张云飞　吴飞　徐理想　等编著

电子工业出版社

Publishing House of Electronics Industry

北京·BEIJING

内 容 简 介

本书系统介绍了机器学习常用算法及其应用,在深入分析算法原理的基础上,结合当前热门应用场景,向读者展现了机器学习算法的综合应用,带领读者进入机器学习领域,开启人工智能行业的大门。

全书共 21 章,分为 3 部分。第 1 部分介绍机器学习基础算法,包括线性回归、多项式回归、逻辑回归、k-NN、决策树、k-Means、SVM、随机森林、朴素贝叶斯、PCA 降维等,针对每个算法给出应用案例,让读者既掌握算法原理,又能够使用算法解决问题。第 2 部分是机器学习基础算法综合应用,通过学生分数预测、自闭症患者预测、淘宝用户价值分析、耳机评论情感预测几个案例提升读者对机器学习算法的应用能力。第 3 部分是机器学习进阶算法与应用,介绍逻辑更为复杂的机器学习算法,如改进的聚类算法、HMM 算法、Boosting 算法等,并给出相应案例,此外,还展示了多个算法综合应用项目。

本书适合对机器学习、人工智能感兴趣的读者阅读,也可以作为应用型大学和高等职业院校人工智能相关专业的教材。本书可以帮助有一定基础的读者查漏补缺,使其深入理解和掌握相关原理与方法,提高其解决实际问题的能力。

图书在版编目(CIP)数据

机器学习应用与实战 / 韩少云等编著. —北京:电子工业出版社,2023.3

(人工智能应用与实战系列)

ISBN 978-7-121-44789-1

Ⅰ. ①机… Ⅱ. ①韩… Ⅲ. ①机器学习 Ⅳ. ①TP181

中国版本图书馆 CIP 数据核字(2022)第 249159 号

责任编辑:林瑞和   特约编辑:田学清

印　　刷:中国电影出版社印刷厂

装　　订:中国电影出版社印刷厂

出版发行:电子工业出版社
　　　　　北京市海淀区万寿路 173 信箱　　邮编:100036

开　　本:787×980　　1/16　　印张:20　　字数:447 千字

版　　次:2023 年 3 月第 1 版

印　　次:2023 年 3 月第 1 次印刷

定　　价:109.00 元

编委会

前　言

　　数据信息是人类学习和知识传承的主要手段，从最早结绳计数，到现在各种数据库的应用，人类通过分析数据信息，可以归纳总结其中的规律，后续再遇到类似问题时，可以通过已经掌握的规律来解决问题、提升效率。古人可以通过观察一年内气温、湿度、光照等天气数据信息，归纳出二十四节气，用于指导农事，提升粮食生产效率。

　　随着信息时代的到来，各领域获取的数据信息也呈现指数爆炸的增长态势，在庞大的数据应用场景下，使用人类自身力量寻找数据规律已经很难实现。计算机作为服务人类的算力工具，被广泛应用到数据信息的分析和规律总结之中，由于各行业有不同的应用场景和需求，使用的算法处理方式（规律）也不尽相同，最终发展出计算机科学人工智能领域的一个重要分支——机器学习。

　　如今，机器学习已经有了成熟的体系，而且机器学习技术不断与商业、医疗、农业等领域进行融合，形成新的研究分支。我们平时常用的信用卡额度申请、购物平台中的好物推荐、考勤所用的人脸打卡系统，都是以机器学习技术为核心的重要应用。同时，随着大数据、云计算的蓬勃发展，机器学习迎来黄金时代，越来越多的机器学习技术在各领域中得到应用并体现出巨大价值。

- 推荐系统：购物平台通过分析用户平时的浏览、购买等习惯，总结出用户喜好的商品类型，将商品推荐给用户，提升平台的商品交易量。
- 信誉风险评估：信贷平台通过分析用户过往的消费能力、信用记录及家庭情况等，推理出用户的贷款偿还能力，选择合理额度进行借贷。
- 用户画像分析：购物平台通过分析用户的消费能力、频数等数据信息，了解用户的实际情况，从而使用不同的营销策略挽回用户、提升用户忠诚度。

　　随着数据信息数量的增加，国内外对于机器学习应用型人才的缺口也逐年增大。究其原因，一方面，近几年各行业对机器学习领域人才的需求快速增加；另一方面，机器学习技术是综合性学科，涉及高等数学、概率论、信息学、计算机科学等众多学科，因此其入门门槛较高，想要学习机器学习技术的人需要首先掌握人工智能相关的多种理论基础和模型算法，导致很多人在复杂的数学公式推导面前望而却步。市面上，大多数机器学习方面的书籍更注重对理论基础的讲解，案例方面的书籍相对较少，读者往往只能够大概了解算法的原理，但是对实际应用场景和应用方式并不了解。为此，达内时代科技集团有限公司将以往与机器学习相关的项目经验、产品应用和技术知识整理成册，通过本书来总结和分享机器学习领域的实践成果。我们衷心希望本书能为读者开启机器学习技术之门！

本书内容

本书围绕机器学习的基础算法（线性回归、逻辑回归、SVM、朴素贝叶斯、决策树等）、预处理操作（特征缩放、独热编码、词频处理等）、模型评估方式（数据切分、评估指标选择）和超参数调优（网格搜索交叉验证）等内容进行讲解，理论联系实际，采用大量丰富案例，力求深入浅出，帮助读者快速理解机器学习相关模型和算法的基本原理与关键技术。因此，本书既适合应用型大学和高等职业院校的学生学习使用，又适合不同行业的机器学习、人工智能爱好者阅读。本书在内容编排上，每章都具备一定的独立性，读者可以根据自身情况进行选择性阅读；各部分之间循序渐进，形成有机整体，使全书内容不失系统性与完整性。本书包含以下 3 部分。

- 第 1 部分（第 1 ~ 10 章）：机器学习基础算法。该部分首先介绍机器学习的相关概念和基本技能，然后介绍基础的数据预处理操作，最后介绍模型评估调优的操作方式，内容包括线性回归、多项式回归、逻辑回归、k-NN、决策树、k-Means、SVM、随机森林、朴素贝叶斯、PCA 降维算法。
- 第 2 部分（第 11 ~ 14 章）：机器学习基础算法综合应用。该部分对不同应用类型的数据集进行案例分析、字段筛选、数据预处理、模型选择及调参处理，最终给出最优模型效果。通过学生分数预测、自闭症患者预测、淘宝用户价值分析、耳机评论情感预测几个案例提升读者对机器学习算法的应用能力。
- 第 3 部分（第 15 ~ 21 章）：机器学习进阶算法与应用。该部分介绍常见的聚类算法、HMM算法及 Boosting 算法，对复杂数据集进行处理，并且对数据字段进行更精确的数据分析，找出字段和标签间潜在的关联性；使用更高效的模型算法，提升模型的精确度。

书中理论知识与实践的重点和难点部分均采用微视频的方式进行讲解，读者可以通过扫描每章中的二维码观看视频、查看作业与练习的答案。

另外，更多的视频等数字化教学资源及最新动态，读者可以关注微信公众号，或者添加小书童获取资料与答疑等服务。

　　　高慧强学 AI 研究院微信公众号　　　　高慧强学微信公众号　　　　达内教育研究院　小书童

致谢

　　本书是达内时代科技集团人工智能研究院团队通力合作的成果。全书由韩少云、冯华、刁景涛策划、组织并统稿，参与本书编写工作的有达内集团及院校的各位老师，他们为相关章节材料的组织与选编做了大量细致的工作，在此对各位编者的辛勤付出表示由衷的感谢！

　　感谢电子工业出版社的老师们对本书的重视，他们一丝不苟的工作态度保证了本书的质量。

　　为读者呈现准确、翔实的内容是编者的初衷，但由于编者水平有限，书中难免存在不足之处，敬请专家和读者批评、指正。

编　者

2023 年 2 月

读 者 服 务

目　录

第 1 部分　机器学习基础算法

人工智能（Artificial Intelligence, AI）是指使用机器代替人类实现认知、识别、分析、决策等功能，研究模拟人类智能的理论、方法、技术的科学，其中两个技术重点是机器学习与深度学习。机器学习是人工智能的分支技术，而深度学习是实现机器学习的技术之一，三者是包含与被包含的关系，如右图所示。

机器学习作为进入人工智能领域的基础，包含大量的算法。本部分主要讲述机器学习的基础算法，并使用算法解决实际问题，主要包括以下几部分内容。

（1）使用线性回归模型来探索电视广告投放量与商品销售量的关系，并对未来商品的销售量进行预测。

（2）通过产生多项式特征，并基于线性回归模型，对非线性数据进行回归分析，并使用 L1 与 L2 正则化解决过拟合的问题。

（3）构建并训练逻辑回归模型，对乳腺癌的患病概率进行预测，使用准确率、精确率、召回率等指标对模型进行性能评价。

（4）从底层的角度实现 k-NN 算法对电影的分类，调用 sklearn 中的 k-NN 算法高效实现鸢尾花数据集的分类预测。

（5）使用决策树算法的回归功能实现商品销售量的预测，利用决策树算法的分类功能对鸢尾花数据集进行分类。

（6）分别使用手肘法与轮廓系数法确定最佳聚类个数（最佳 k 值），并采用 k-Means 算法对三种饮料进行聚类。

（7）使用 SVM 算法的分类与回归功能，分别实现鸢尾花数据集的分类和非线性数据的回归分析。

（8）构建随机森林模型，对森林植被类型及共享单车每小时租用量进行预测。

（9）基于 jieba 分词，使用朴素贝叶斯模型对中文进行预测。

（10）通过 PCA 降维技术去除图片部分不重要特征，并完成图片重构。

第 1 章

基于线性回归的销售量预测

本章目标

- 理解线性回归的原理。
- 理解损失函数的作用。
- 理解梯度下降算法的计算过程。
- 掌握使用梯度下降算法构建线性回归模型的方法。
- 了解线性回归模型的评估方法。

回归算法是一种有监督的、较为常用的机器学习算法，而在所有的回归算法当中，线性回归是最典型的。本章重点介绍线性回归，包括线性回归的原理、损失函数、梯度下降算法、线性回归模型的评估方法与度量指标等内容。

本章包含的一个案例如下：

- 基于线性回归的销售量预测。

要求使用梯度下降算法构建电视广告投放量与商品销售量的线性回归模型，并对某一商品的销售量进行预测。

1.1 机器学习概述

ML-01-v-001

机器学习是一门根据已有的数据选择算法，基于算法和数据构建模型，并运用模型进行预测和分析的学科。机器学习的核心是使用算法解析数据，从中总结出数据具有的规律，之后依据所总结出来的规律对新数据做出判定或预测，简而言之，即利用计算机的运算能力，从大量的数据中发现一个模型，并通过该模型来模拟现实世界事物的关系，从而实现判定或预测，而构建模型的过程即"学习"的过程。此处的数据通常体现为数据集，又称为资料集、数据集合或资料集合，是由样本数据组成的集合。机器学习就是基于数据集进行"学习"的，其过程如图 1.1 所示。

图 1.1　机器学习过程

机器学习分为监督学习、无监督学习、半监督学习和强化学习四个类别。

监督学习是通过对训练集的特征与标签的学习建立两者的映射关系，并基于此映射关系对未知数据进行预测的机器学习方法。在监督学习中，用于训练模型的数据集的每个样本都有对应的正确结果，该正确结果通常称为标签，除标签之外的部分称为特征。监督学习方法包括线性回归、逻辑回归、k-NN、朴素贝叶斯、决策树、随机森林、AdaBoost、GBDT、神经网络、SVM 等算法。

无监督学习与监督学习的区别在于，前者用于训练模型的数据集的样本没有对应的标签，无须分析特征与标签的对应关系，只需分析数据的内在规律即可。无监督学习的方法包括 k-Means（k 均值聚类）、DBSCAN、GMM 等算法。

半监督学习是监督学习与无监督学习相结合的一种学习方法，研究的是如何基于少量的标注样本和大量的未标注样本进行训练和预测。

强化学习又称再励学习、评价学习或增强学习，主要研究与解决智能控制机器人在与环境交互的过程中，如何通过学习策略达成回报最大化或实现特定目标的问题。

机器学习的应用可分为回归、分类、聚类、降维四种。

回归是指确定两种或两种以上变量间定量关系的一种统计分析方法，通常用于预测未知数据的取值。

分类是指依据特征将样本归到某几个已知类别中的一个的过程，而聚类与分类的区别是，聚类事先不知道可以分为几类，只是对样本依据相似度进行分组。

降维是去除冗余的特征，降低特征参数的维度，用更少的维度来表示原数据。

本书将在后续章节中对四个类别的应用以案例的方式进行讲述，让我们以线性回归作为学习的开始。

1.2 线性回归

ML-01-v-002

1.2.1 回归的概念

回归分析（Regression Analysis）简称回归，按照涉及的变量的多少，可分为一元回归和多元回归；按照因变量的多少，可分为简单回归和多重回归；按照自变量和因变量之间的关系类型，可分为线性回归和非线性回归。本章研究的是简单线性回归。

线性回归相比其他回归方法而言比较简单，也是应用较为广泛的技术之一。在线性回归中，因变量是连续的，自变量可以是连续的也可以是离散的。线性回归通过线性回归线在因变量和一个或多个自变量之间建立函数关系，并依据此函数关系进行预测。

1.2.2 线性回归模型

现在通过一个例子来理解线性回归模型，这个例子是预测房屋售价的。通过市场调查，可以得到一些房屋的面积与售价的数据，如表 1.1 所示。如果给一个新的房屋面积 130m²，能否根据已知的数据来预测其对应售价是多少呢？

表 1.1　房屋的面积与售价

面积/m²	售价/万元
50	47
70	72
88	80
69	77
100	110
120	123

为了解决这个问题，可以使用线性回归模型。首先，画出面积与售价的已知数据的散点图，如图 1.2 所示。

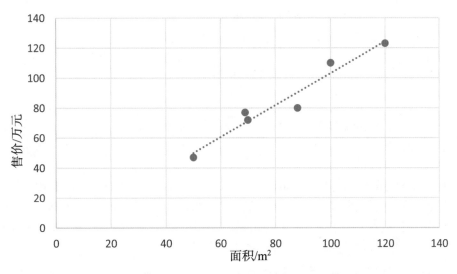

图 1.2　面积与售价的已知数据的散点图

其次，模拟一条直线，使面积与售价的已知数据尽量落在直线上或直线周围，如图 1.3 所示。

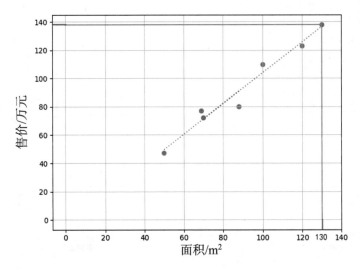

图 1.3　面积与售价的拟合直线

最后，求出这条直线模型对应的函数公式，就可以计算出面积 130m² 的房屋售价大约为 138 万元。现在知道，线性回归就是要找一条直线，并且使这条直线尽可能地拟合图中的点，这个过程称为监督学习，它被称作监督学习的原因是，对于每个点，给出了房屋的实际售价是多少，即给出了真实的标签。图 1.4 所示为监督学习的工作方式。

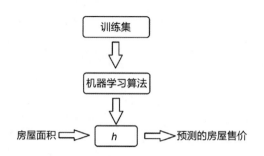

图 1.4   监督学习的工作方式

图 1.4 中的 h 代表假设（Hypothesis），是一个函数，输入的是房屋面积，输出的是预测的房屋售价。在房屋售价预测问题中，实际上是要将训练集送入学习算法，进而学习到一个假设（h），然后将房屋面积作为输入变量输入给 h，预测的房屋售价作为输出变量，该过程即预测过程。那么，对于房屋售价预测问题，该如何表示 h？

在构建线性回归模型之前，需要约定一些数学符号，用来描述这个线性回归，具体如下：

m 代表训练集中实例的数量；

x 代表特征/输入变量；

y 代表目标值/输出变量；

(x,y) 代表训练集中的实例；

$(x^{(i)}, y^{(i)})$ 代表第 i 个观察实例。

对于房屋售价预测问题，可以将 h 表示为

$$h_{\theta}(x) = \theta_0 + \theta_1 x \tag{1.1}$$

式中，θ 为需要求解的参数（也称作权重）；x 为特征（输入变量），即房屋面积（m^2）；$h_{\theta}(x)$ 为预测的房屋售价（万元）。因为只含有一个特征（输入变量），所以这样的问题也叫作单变量线性回归。

在实际情况下，房屋售价还会受到其他特征的影响，如卧室数量、是否为学区房等。为了方便，可以省略 $h_{\theta}(x)$ 中的参数 θ，简写为 $h(x)$，则线性回归模型的计算公式可以为

$$h(x) = \sum_{i=0}^{n} \theta_i x_i = \boldsymbol{\theta}^{\mathrm{T}} \boldsymbol{x} \tag{1.2}$$

式中，第二个等号右边的 $\boldsymbol{\theta}$ 和 $\boldsymbol{x}$ 为向量；n 为特征（输入变量）的个数。

在房屋售价预测问题中，给定大小为 m 的训练集，应该怎样学习参数 θ？我们能想到的是，根据训练集，使 $h(x)$ 尽可能接近目标值 y，可以定义一个对每个参数 θ 度量的函数，其作用是评价预测值 $h(x^{(i)})$ 和目标值 $y^{(i)}$ 的接近程度，因此定义损失函数为

$$J(\theta) = \frac{1}{2} \sum_{i=1}^{m} \left[h\left(x^{(i)}\right) - y^{(i)} \right]^2 \tag{1.3}$$

通过代价函数 $J(\theta)$，可以求解线性回归模型，接下来将使用最小二乘法求解线性回归模型。

1.3　梯度下降算法

梯度下降通常用于搜索损失函数的最优参数。例如，要找到一个 θ，使 $J(\theta)$ 的值最小。要做到这一点，需要使用一种搜索算法，它以 θ 初始值开始，反复变化 θ 使 $J(\theta)$ 越来越小，直到收敛到一个值 θ，将 $J(\theta)$ 最小化。具体来说，此处考虑梯度下降算法，由一些 θ 初始值开始，反复执行更新，更新的计算公式为

$$\theta_j := \theta_j - \alpha \frac{\partial}{\partial \theta_j} J(\theta) \tag{1.4}$$

式中，α 为学习率。参数 θ_j 必须同时更新。这是一种反复朝 $J(\theta)$ 的下降幅度最大的方向更新迭代 θ_j 的算法，下降幅度最大的方向为梯度方向，因此该过程也称为梯度下降。

关于梯度下降的直观理解，以一个人下山为例，如图 1.5 所示。

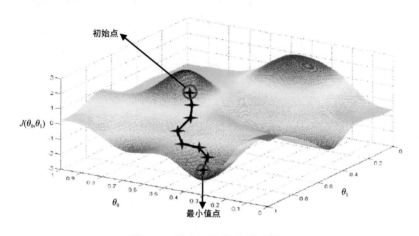

图 1.5　梯度下降的直观理解

图 1.5 中的初始点是在红色的山顶，现在的问题是，该如何到达蓝色的山底呢？按照梯度下降算法的思想，将按以下操作到达最低点。

（1）明确自己现在所处的位置。

（2）找到相对该位置而言下降最快的方向。

（3）沿着第二步找到的方向走一小步，到达一个新的位置，此时的位置比原来低。

（4）回到第一步。

（5）终止于最低点。

按照以上 5 步，最终达到最低点，这就是梯度下降算法的完整流程。在式（1.4）中，为了实现梯度下降算法，必须计算出 $J(\theta)$ 的偏导数，首先，如果只有一个训练样本(x,y)，就可以忽略 $J(\theta)$ 的定义中的求和，因此有

$$
\begin{aligned}
\frac{\partial}{\partial \theta_j} J(\theta) &= \frac{\partial}{\partial \theta_j} \frac{1}{2}\left[h_\theta(x) - y\right]^2 \\
&= 2 \times \frac{1}{2}\left[h_\theta(x) - y\right] \cdot \frac{\partial}{\partial \theta_j}\left[h_\theta(x) - y\right] \\
&= \left[h_\theta(x) - y\right] \cdot \frac{\partial}{\partial \theta_j}\left(\sum_{i=0}^{n} \theta_i x_i - y\right) \\
&= \left[h_\theta(x) - y\right] x_j
\end{aligned}
\tag{1.5}
$$

对于一个训练样本，提供了更新规则：

$$
\theta_j := \theta_j + \alpha\left[y^{(i)} - h_\theta(x^{(i)})\right]x_j^{(i)}
\tag{1.6}
$$

这个规则叫作 LMS 更新规则（LMS 的全称为 Least Mean Square，即最小二乘法），也被称为 Widrow-Hoff 学习规则。如果训练样本有 m 个，那么参数 θ_j 的更新规则为

重复更新θ_j直到收敛{

$$
\theta_j := \theta_j + \alpha\sum_{i=1}^{m}\left[y^{(i)} - h_\theta(x^{(i)})\right]x_j^{(i)}
\tag{1.7}
$$

}

这个更新规则实际上就是对原始的损失函数 $J(\theta)$ 进行简单的梯度下降，这里要解决的这个线性回归的优化问题只有一个全局最优解，没有其他的局部最优解。因此，梯度下降算法总是收敛到全局最小值。

1.4   线性回归模型的构建

ML-01-v-003

1.4.1   线性回归模型构建的一般步骤

综合上述内容，可得出通过训练数据（训练实例）构建线性回归模型的一般步骤，如图 1.6 所示。

使用初始参数值构建模型，将训练数据作用于模型，计算出损失函数，使用优化算法对损失函数进行优化，经过多次迭代可求解出最优模型参数，将新的房屋面积输入到模型中可完成对房屋售价的预测。

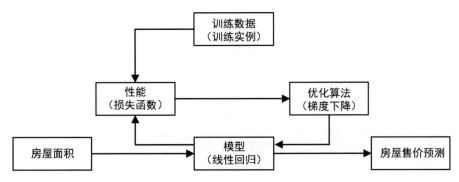

图 1.6　通过训练数据（训练实例）构建线性回归模型的一般步骤

1.4.2　线性回归模型的评估方法与度量指标

一般在对模型进行训练时，需要将数据集进行切分，切分为训练集与测试集，前者用于对模型进行训练以构建模型，后者用于对模型进行测试验证。切分的方法有留出法、交叉验证法、留一法、自助法等，最常用的是留出法。本章使用的方法为留出法。在使用留出法对数据集进行切分时，要注意尽量保证数据分布的一致性，对训练集与测试集可按照 7∶3 的比例进行切分，也可以按照 8∶2 的比例进行切分，即训练集占数据集的 70%或者 80%，测试集相应占数据集的 30%或者 20%。

在训练过程中或者训练完成后使用模型进行预测时，需要使用一些度量指标来对模型的预测能力进行评价。对回归而言，使用的度量指标有均方误差、均方根误差、绝对平均误差等。本章使用的度量指标为均方误差（MSE），均方误差的计算公式为

$$\mathrm{MSE} = \frac{1}{n}\sum_{i=1}^{n}\left(\hat{y}_i - y_i\right)^2 \tag{1.8}$$

式中，$\hat{y}_i$ 为预测值；y_i 为真实值。

1.5　案例实现——基于线性回归的销售量预测

本案例使用线性回归的方法来对电视广告投放量与商品销售量进行回归拟合，以指导企业的销售策略。

1. 案例目标

（1）掌握线性回归模型的构建思路。

（2）理解梯度下降算法的流程。

（3）理解线性回归模型的评估方法与度量指标。

2. 案例环境

案例环境如表 1.2 所示。

表 1.2　案例环境

硬件	软件	资源
PC 或 AIX-EBoard 人工智能实验平台	Ubuntu 18.04/Windows 10 NumPy 1.21.6 sklearn 0.20.3 pandas 1.3.5 matplotlib 3.5.1 Python 3.7.3	Advertising.csv

3. 案例步骤

本案例的代码名称为 LinerRegression.py，目录结构如图 1.7 所示。本案例主要包含以下步骤。

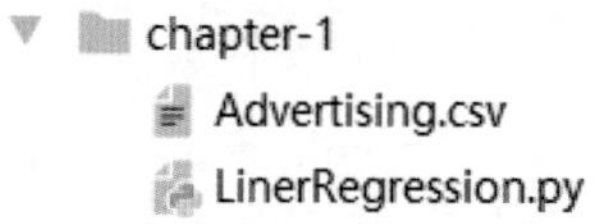

▼ 📁 chapter-1
　　📄 Advertising.csv
　　📄 LinerRegression.py

图 1.7　目录结构

步骤一：设置编码与导入模块。

```
# -*- coding:utf-8 -*-
import numpy as np
import matplotlib.pyplot as plt
from sklearn.model_selection import train_test_split
import pandas as pd
```

步骤二：读取数据集，并使用留出法切分数据集，训练集与测试集的切分比例为 8∶2。

```
df = pd.read_csv("Advertising.csv")
data = df['TV']
target = df['Sales']

x_train, x_test, y_train, y_test = train_test_split(data, target, test_size=0.2, random_state=666)
```

步骤三：设置程序迭代次数、学习率、训练误差显示步数。

```
learn_rate = 0.00001
iter = 200
display_step = 10
```

步骤四：初始化权重与偏置项。

```
np.random.seed(612)
theta1 = np.random.rand()
theta0 = np.random.rand()
```

步骤五：使用梯度下降算法训练模型。

```
#使用梯度下降算法训练模型，在训练过程中将训练误差保存
#每迭代 10 步显示一次误差，使用的度量指标为 MSE
mse = []
for i in range(0, iter + 1):
    dL_dtheta1 = np.mean(x_train * (theta1 * x_train + theta0 - y_train))
    dL_dtheta0 = np.mean(theta1 * x_train + theta0 - y_train)

    theta1 = theta1 - learn_rate * dL_dtheta1
    theta0 = theta0 - learn_rate * dL_dtheta0

    pred = theta1 * x_train + theta0
    Loss = np.mean(np.square(y_train - pred))

    mse.append(Loss)

    if i % display_step == 0:
        print("i: %i, Loss: %f, theta1: %f, theta0: %f" \
            % (i, mse[i], theta1, theta0))
```

步骤六：将训练数据与回归直线画图显示。

```
plt.rcParams['font.sans-serif'] = ['SimHei']
plt.figure()
plt.scatter(x_train, y_train, color="red", label="商品销售量")
plt.plot(x_train, pred, color="blue", label="回归直线")
plt.xlabel("电视广告投放量", fontsize=14)
plt.ylabel("商品销售量", fontsize=14)
plt.legend(loc="upper left")
```

步骤七：将训练误差画图显示。

```
plt.figure()
plt.plot(mse)
plt.xlabel("迭代次数", fontsize=14)
plt.ylabel("训练误差", fontsize=14)
plt.show()
```

步骤八：使用测试集对模型进行检测，并可输入电视广告投放量以预测商品销售量。

```
predict = theta1 * x_test + theta0
Loss_pre = np.mean(np.square(y_test - predict))
print("theta0 的值为{}".format(round(theta0, 4)))
print("theta1 的值为{}".format(round(theta1, 4)))
print("训练误差的值为{}".format(round(Loss_pre, 4)))
Adertising = float(input("请输入电视广告投放量："))
Sales = theta1 * Adertising + theta0
print("电视广告投放量为 {}时的商品销售量为 {}."\
      .format(Adertising,round(Sales), 4))
```

步骤九：运行代码。

ML-01-v-004

运行代码（在 PyCharm 菜单栏中选择"Run"→"Run 'Chater01-Project01'"命令，后续章节参考此方式运行代码，不再赘述），结果如图 1.8、图 1.9 所示。

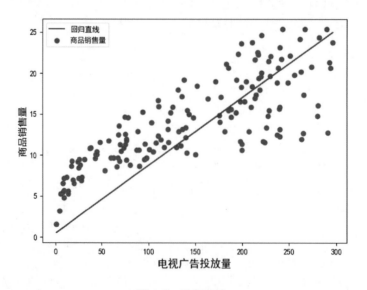

图 1.8　回归直线

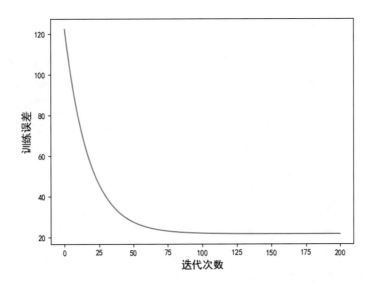

图 1.9　训练误差变化趋势

同时，可得到 θ_0、θ_1 及训练误差的值分别为 0.495 9、0.082、19.846 2，当输入电视广告投放量为 150 时，商品销售量为 13。模型的预测效果如图 1.10 所示。

```
theta0的值为 0.4959
theta1的值为 0.082
训练误差的值为 19.8462
请输入电视广告投放量：150
电视广告投放量为 150.0时的商品销售量为 13.
```

图 1.10　模型的预测效果

4. 案例小结

本案例通过梯度下降算法实现了电视广告投放量与商品销售量的回归拟合，在训练过程中可以借鉴以下经验。

（1）多次调整学习率，以找到最佳值。

（2）尝试调整迭代次数，以找到合适的值，加快模型的训练。

本章总结

- 线性回归是通过线性回归线在因变量和一个或多个自变量之间建立函数关系，并依据此函数关系进行预测。

- 梯度下降算法可以用于搜索损失函数的最优参数。
- 线性回归模型的构建过程：①使用初始参数值构建模型 ②计算损失函数 ③对损失函数进行优化 ④通过多次迭代求解出最优模型参数 ⑤对模型的预测能力进行评估

作业与练习

1. [单选题]一元线性回归包括（　　　）。

   A．两个自变量和一个因变量

   B．一个自变量和一个因变量

   C．一个自变量和两个因变量

   D．两个自变量和两个因变量

2. [单选题]损失函数描述的是（　　　）。

   A．自变量与预测值 $\hat{y}_i$ 之间的误差

   B．真实值 y_i 与自变量之间的误差

   C．真实值 y_i 与预测值 $\hat{y}_i$ 之间的误差

   D．真实值 y_i 与所有预测值 $\hat{y}_i$ 之间的误差

3. [单选题]梯度下降算法常用于（　　　）。

   A．求解函数的极大值

   B．求解函数的极小值

   C．求解有约束条件下凸函数的极小值

   D．求解无约束条件下凸函数的极小值

4. [单选题]在使用梯度下降算法求解凸函数的极小值时，关键的参数为（　　　）。

   A．函数值　　　　　B．横坐标　　　　　C．纵坐标　　　　　D．学习率

5. [单选题]留出法的比例可以为（　　　）。

   A．4∶3　　　　　B．6∶4　　　　　C．8∶2　　　　　D．5∶5

ML-01-c-001

第 2 章

非线性数据的多项式回归

本章目标

- 理解多项式回归算法的工作原理。
- 理解特征缩放的原理与实现方式。
- 理解特征拓展的原理与实现方式。
- 理解欠拟合、过拟合的概念与产生的原因。
- 了解正则化的概念及分类方式。
- 掌握使用多项式回归算法解决实际问题的思路。

在机器学习中，多项式回归算法常用于对非线性数据进行拟合，以解决线性回归无法很好解决的问题。本章重点介绍多项式回归，包括多项式回归算法的工作原理、特征缩放、特征拓展、欠拟合、过拟合、正则化等内容。

本章包含的一个案例如下：

- 非线性数据的多项式回归。

要求使用多项式回归算法回归模型，实现对非线性数据的回归拟合，并使用 L1 和 L2 正则化进行过拟合问题的优化。

2.1　多项式回归

2.1.1　多项式回归的概念

由第 1 章的线性回归内容可知，线性回归常应用于拟合存在线性关系的数据。但在实际应用中，数据之间往往不满足线性关系，而满足非线性关系，如图 2.1 中蓝色点所示。可以看出，蓝色点并不满足线性关系，此时，虽然也可以使用线性回归进行拟合（图 2.1 中的红色直线），但拟合误差大大增加，无法完成有效的预测。

对图 2.1 中的数据分布进行分析可知，蓝色点的分布接近于抛物线，此时引进 $y = ax^2 + bx + c$（a、b、c 为待定系数）来对数据进行拟合，更符合数据的分布，如图 2.2 中红色线条所示。当使用抛物线拟合数据时，特征由原来的 x 变为了 x 和 x^2 的多项式形式。将数据的特征处理为多项式的形式之后再进行回归拟合称为多项式回归，将特征转化为多项式的形式称为特征拓展。

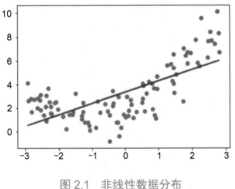

图 2.1　非线性数据分布

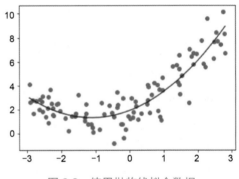

图 2.2　使用抛物线拟合数据

2.1.2　0-1 标准化

ML-02-v-001

在实际的数据集中，特征各个分量的数值有可能差别很大，通常体现为数值取值范围的差别与单位的差别。例如，在一个记录学生信息的数据集中，身高的单位为 cm，取值范围为[80,300]；体重的单位为 kg，取值范围为[20,200]；视力没有单位，取值范围为[0,2]。该数据集特征的各分量的数值不仅单位不一样，视力的取值范围与其他分量的取值范围差别也较大。在使用多项式回归算法解决问题或者使用其他算法构建模型时，如果出现以上情况，需要对特征数据按比例进行缩放，使之落入一个较小的特定区间内，去除单位的限制与取值范围的差异，将各个特征数据转化为无量纲的纯数值，以便比较或加权不同单位或量级的特征数据，本质上是对特征数据进行标准化，较为常用的方法有 0-1 标准化、**Z-Score** 标准化。

　　0-1 标准化是对原始特征数据进行线性变换，使结果落到[0,1]区间内，变换公式如式（2.1）所示。

$$x^* = \frac{x - min}{max - min}$$

（2.1）

式中，x^* 为标准化后的数值；min 为特征数据的最小值；max 为特征数据的最大值。使用 **sklearn.preprocessing** 模块的 **MinMaxScaler** 类可以快速实现 0-1 标准化，代码名称为 MinMaxScaler.py，0-1 标准化的实现主要包含以下步骤。

　　步骤一： 导入模块，并生成原始数据。

```
import numpy as np
from sklearn.preprocessing import MinMaxScaler

arr_1 = np.array([
    [2104, 3],
    [1600, 3],
    [2400, 3],
    [1416, 2],
    [3000, 4],
    [1985, 4]
])
```

　　步骤二： 构建模型，并完成数据的 0-1 标准化。

```
#构建模型
model = MinMaxScaler()
#拟合并训练数据
x = model.fit_transform(arr_1)
print('归一化后的数据为')
print(x)
print('原始数据的最小值为{}'.format(model.data_min_))
print('原数据为')
print(model.inverse_transform(x))
```

　　步骤三： 运行代码。

　　运行代码，结果如下：

　　归一化后的数据为

```
[[0.43434343 0.5       ]
[0.11616162 0.5       ]
[0.62121212 0.5       ]
[0.         0.        ]
[1.         1.        ]
[0.35921717 1.        ]]
原始数据的最小值为
[1416.    2.]
原数据为
[[2.104e+03 3.000e+00]
[1.600e+03 3.000e+00]
[2.400e+03 3.000e+00]
[1.416e+03 2.000e+00]
[3.000e+03 4.000e+00]
[1.985e+03 4.000e+00]]
```

2.1.3　Z-Score 标准化

Z-Score 标准化也叫 Z 标准化，依据原始特征数据的均值（Mean）和标准差（Standard Deviation）对数据进行标准化。经过处理的数值符合标准正态分布，均值为 0，标准差为 1，变换公式如式（2.2）所示。

$$x^* = \frac{x - \mu}{\sigma} \tag{2.2}$$

式中，x 为特征数据；μ 为特征数据的均值；σ 为特征数据的标准差。使用 sklearn.preprocessing 模块的 StandardScaler 类可以快速实现 Z 标准化，代码名称为 Z-SoreScaler.py，Z 标准化的实现主要包含以下步骤。

步骤一：导入模块，并生成原始数据。

```
import numpy as np
from sklearn.preprocessing import StandardScaler

arr_1 = np.array([
    [2104, 3],
    [1600, 3],
    [2400, 3],
    [1416, 2],
    [3000, 4],
```

```
    [1985, 4]
])
```

步骤二：构建模型，并完成数据的 Z 标准化。

```
model = StandardScaler()
x = model.fit_transform(arr_1)
print('缩放后的结果：')
print(x)
print('每个特征的缩放比例:{}'.format(model.scale_))
print('每个特征的均值:{}'.format(model.mean_))
print('每个特征的方差:{}'.format(model.var_))
```

步骤三：运行代码。

运行代码，结果如下：

```
缩放后的结果：
[[ 0.03805676 -0.24253563]
[-0.92903261 -0.24253563]
[ 0.60602988 -0.24253563]
[-1.28209698 -1.69774938]
[ 1.75732674  1.21267813]
[-0.19028379  1.21267813]]
每个特征的缩放比例：
[521.15142287   0.68718427]
每个特征的均值：
[2084.16666667    3.16666667]
每个特征的方差：
[2.71598806e+05 4.72222222e-01]
```

2.1.4　特征拓展

　　一般而言，线性回归模型既是权重向量 $\boldsymbol{w}$ 的线性函数，又是输入变量 $\boldsymbol{x}$ 的线性函数。设 $\boldsymbol{x}$ 为一个二维的特征数据（具体表现为一个平面），此时回归模型可使用以下数学表达式描述。

ML-02-v-002

$$y(\boldsymbol{x}, \boldsymbol{w}) = w_0 + w_1 x_1 + w_2 x_2 \tag{2.3}$$

　　但是，如果要拟合的数据不是平面，而是曲面，如抛物面，就需计算输入变量 $\boldsymbol{x}$ 的二次项的线性组合，此时回归模型更新为以下数学表达式。

$$y(\boldsymbol{x}, \boldsymbol{w}) = w_0 + w_1 x_1 + w_2 x_2 + w_3 x_1 x_2 + w_4 x_1^2 + w_5 x_2^2 \qquad (2.4)$$

需要注意的是，更新后的模型虽然是输入变量 $\boldsymbol{x}$ 的二次函数，但本质上仍然是参数 $\boldsymbol{w}$ 的一次线性函数，所以仍然是线性模型。

更一般地，设新变量 $\boldsymbol{z} = \left[x_1, x_2, x_1 x_2, x_1^2, x_2^2\right]$，$z_1 = x_1, z_2 = x_2, z_3 = x_1 x_2, z_4 = x_1^2, z_5 = x_2^2$，此时，可将式（2.4）改写为以下形式。

$$y(\boldsymbol{x}, \boldsymbol{w}) = w_0 + w_1 z_1 + w_2 z_2 + w_3 z_3 + w_4 z_4 + w_5 z_5 \qquad (2.5)$$

也就是说，用向量 $\boldsymbol{z}$ 替换了向量 $\boldsymbol{x}$，重新构建模型，相当于特征变换或特征生成的过程，最终会将输入特征提高到更高的维度，此过程即前文提到的特征拓展过程。

在机器学习中，通常使用 PolynomialFeatures 类完成特征的拓展，该类位于 sklearn.preprocessing 模块中，常用的参数如下：

（1）degree，用于控制多项式的次幂，当 degree = 3 时，输入 $\boldsymbol{x} = \left[x_1, x_2\right]$，将产生最高为 3 次的多项式，即 1、$x_1$、$x_2$、$x_1 x_2$、$x_1^2$、$x_2^2$、$x_1 x_2^2$、$x_1^2 x_2$、$x_1^3$、$x_2^3$。

（2）interaction_only，用于指定生成特征的形式，默认为 False，生成的特征除了有交叉相乘项，还有自身相乘项，新特征形如 1、x_1、x_2、$x_1 x_2$、x_1^2、x_2^2、$x_1 x_2^2$、$x_1^2 x_2$、x_1^3、x_2^3；如指定为 True，生成的特征有交叉相乘项，没有自身相乘项，新特征形如 1、x_1、x_2、$x_1 x_2$。

（3）include_bias，用于指定是否保留 0 次幂项，默认为 True，新特征保留 0 次幂项 1。

使用 sklearn.preprocessing 模块的 PolynomialFeatures 类可以实现特征拓展，代码名称为 PolynomialFeatures.py，特征拓展的实现主要包含以下步骤。

步骤一：导入模块，并生成原始数据。

```
import numpy as np
from sklearn.preprocessing import PolynomialFeatures

# 生成 arr_1，形状为(1, 2)
arr_1 = np.array([
    [2, 3]
])
```

步骤二：生成多项式特征，并显示结果。

```
#设置最高次幂为2，包括交叉相乘项、自身相乘项及0次幂项1
model = PolynomialFeatures(degree=2, interaction_only=False, include_bias=True)
model.fit(arr_1)
print("degree=2,interaction_only=False, include_bias=True 时的特征拓展结果：")
print(model.transform(arr_1))
print(model.get_feature_names(input_features=['x1', 'x2']))
```

```
print('-'*80)

#设置最高次幂为3，只包括交叉相乘项及0次幂项1
model = PolynomialFeatures(degree=3, interaction_only=True, include_bias=
True)
model.fit(arr_1)
print("degree=3,interaction_only=True, include_bias=True 时的特征拓展结果:")
print(model.transform(arr_1))
# 打印特征名称
print(model.get_feature_names(input_features=['x1', 'x2']))
print('-'*80)

#设置最高次幂为3，包括交叉相乘项、自身相乘项及0次幂项1
model = PolynomialFeatures(degree=3, interaction_only=False, include_bias=
True)
model.fit(arr_1)
print("degree=3,interaction_only=False, include_bias=True 时的特征拓展结果: ")
print(model.transform(arr_1))
# 打印特征名称
print(model.get_feature_names(input_features=['x1', 'x2']))
```

步骤三：运行代码。

运行代码，结果如下:

```
degree=2,interaction_only=False, include_bias=True 时的特征拓展结果:
[[1. 2. 3. 4. 6. 9.]]
['1', 'x1', 'x2', 'x1^2', 'x1 x2', 'x2^2']
------------------------------------------------------------------------
------
degree=3,interaction_only=True, include_bias=True 时的特征拓展结果:
[[1. 2. 3. 6.]]
['1', 'x1', 'x2', 'x1 x2']
------------------------------------------------------------------------
------
degree=3,interaction_only=False, include_bias=True 时的特征拓展结果:
[[ 1. 2. 3. 4. 6. 9. 8. 12. 18. 27.]]
['1', 'x1', 'x2', 'x1^2', 'x1 x2', 'x2^2', 'x1^3', 'x1^2 x2', 'x1 x2^2',
'x2^3']
```

2.2　模型训练问题与解决方法

ML-02-v-003

2.2.1　欠拟合与过拟合

欠拟合指的是数据未训练完成，模型对训练集而言拟合效果不理想，使用测试集进行测试时未达到要求，其实质是模型未能很好地捕捉到数据特征，不能很好地拟合数据，模型表现力很差。欠拟合示意图如图 2.3 所示。由图可知，红色直线没有能很好地拟合黑色的点，因此不能很好地进行预测。发生欠拟合的原因一般是训练数据的特征比较少，模型不能很好地匹配数据，此问题可以通过增加多项式特征来解决，即使用多项式回归进行分析。

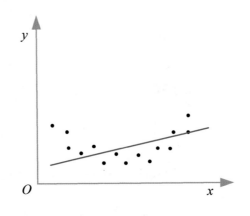

图 2.3　欠拟合示意图

过拟合指的是对数据进行过度训练，在训练阶段，模型能很好地拟合训练数据，但是对于测试数据的预测效果十分不理想，此时的模型过度地拟合训练数据，甚至将噪声也大量引入。过拟合示意图如图 2.4 所示。由图可知，红色曲线已经将所有的点连接起来，能够很好地拟合训练数据，但是过于依赖训练数据，模型的泛化能力十分有限。本质上而言，过拟合在训练过程中学习到了没必要的特征。产生过拟合的原因，一般是模型参数过多，而训练数据又过少，两者相比差别过大，此问题通过增加训练数据量来解决；当特征数据的取值范围过大时，也可能产生过拟合，此问题可以使用前文介绍的特征缩放技术来解决。另外，特征数据过多，导致模型复杂，也会导致过拟合的产生，此时可以使用数据降维技术处理特征数据（数据降维技术将在后续章节中进行介绍），也可以使用正则化方法对模型进行优化。

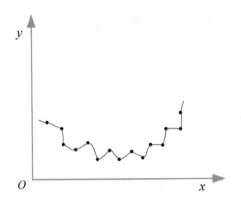

图 2.4　过拟合示意图

2.2.2　正则化方法

正则化方法有 L1 范数正则化与 L2 范数正则化两种。L1 范数正则化（以下简称 L1 正则化）为权重向量 w 的 L1 范数，即 w 各个分量的绝对值之和，如式（2.6）所示。L1 正则化可以产生稀疏权重矩阵，从而产生一个稀疏模型，更适用于特征的选择。

$$R(w) = w_1 = |w_0| + |w_1| + |w_2| + \cdots + |w_{n-1}|$$ （2.6）

L2 范数正则化（以下简称 L2 正则化）为权重向量 w 的 L2 范数的平方，即 w 各个分量的绝对值的平方和，如式（2.7）所示。L2 正则化可以防止模型过拟合。

$$R(w) = w_2^2 = |w_0|^2 + |w_1|^2 + |w_2|^2 + \cdots + |w_{n-1}|^2$$ （2.7）

在没有进行正则化之前，训练模型的过程要最小化经验风险，即最小化损失函数，如式（2.8）所示。

$$J(w) = \frac{1}{2n} \sum_{i=0}^{n-1} (w_i x_i - y_i)^2$$ （2.8）

在进行正则化之后，训练模型的过程要最小化结构风险，即最小化目标函数，如式（2.9）所示。

$$\mathrm{obj}(w) = \frac{1}{2n} \sum_{i=0}^{n-1} (w_i x_i - y_i)^2 + \lambda R(w)$$ （2.9）

式中，λ 为常数，可根据实际情况进行调整。由式（2.9）可知，此时的目标函数由两部分组成，一部分是损失函数，另一部分是正则化项。进行 L2 正则化之后，模型的权重参数将会变小，适合预防过拟合的产生。

2.3　案例实现——非线性数据的多项式回归

本案例使用多项式回归的方法对训练数据进行训练并预测。为了能更进一步理解多项式回归算法的工作原理，本案例首先使用线性回归进行分析，之后使用手动添加特征的方式生成多项式特征并进行回归分析，再使用自动的方式生成多项式特征并进行回归分析，产生过拟合后利用 L1 正则化、L2 正则化进行优化。

1. 案例目标

（1）掌握多项式回归模型的构建思路。
（2）掌握 L1 正则化的使用方法。
（3）掌握 L2 正则化的使用方法。

ML-02-v-004

2. 案例环境

案例环境如表 2.1 所示。

表 2.1　案例环境

硬件	软件	资源
PC 或 AIX-EBoard 人工智能实验平台	Ubuntu 18.04/Windows 10 matplotlib 3.5.1 NumPy 1.21.6 sklearn 0.20.3 Python 3.7.3	无

3. 案例步骤

本案例的代码名称为 PolyProject.py，目录结构如图 2.5 所示。本案例主要包含以下步骤。

步骤一：导入模块，并设置中文显示。

▼ 📁 chapter-2
　　📄 MinMaxScaler.py
　　📄 PolynomialFeatures.py
　　📄 PolyProject.py
　　📄 Z-SoreScaler.py

图 2.5　目录结构

```
import numpy as np
import matplotlib.pyplot as plt
from sklearn.preprocessing import StandardScaler
from sklearn.linear_model import Ridge, Lasso
from sklearn.metrics import mean_squared_error, r2_score
from sklearn.linear_model import LinearRegression
from sklearn.preprocessing import PolynomialFeatures
```

```
from sklearn.model_selection import train_test_split
plt.rcParams['font.sans-serif'] = ['SimHei']
plt.rcParams['axes.unicode_minus'] = False
```

步骤二：产生数据集，并对其进行处理。

```
#产生数据集，并加入噪声
x = np.random.uniform(-10, 10, size=150)  # 150 个数据，在-10~10 范围内均匀采样
X = x.reshape(-1, 1)
y = 0.5 * x ** 2 + x + 2 + np.random.normal(0, 2, size=150)   # 加入噪声
plt.scatter(x,y)
plt.xlabel("x")
plt.ylabel("y")
plt.title("原始数据")
plt.show()


#切分数据集
x_train, x_test, y_train, y_test = train_test_split(X, y, test_size=0.2)
```

步骤三：直接使用线性回归进行拟合。

```
#使用线性回归进行分析，效果不明显
print("#" * 50)
lin_reg = LinearRegression()
lin_reg.fit(x_train,y_train)
score_leg = lin_reg.score(x_test, y_test)
print("直接线性回归拟合得分:")
print(score_leg)


#将原始数据与拟合直线画图显示
y_predict = lin_reg.predict(X)
plt.scatter(x,y)
plt.plot(x,y_predict,color='r')
plt.xlabel("x")
plt.ylabel("y")
plt.title("直接线性回归拟合的结果")
plt.show()
```

步骤四：手动添加多项式特征，并进行回归分析。

```
#特征拓展，给 X 再引入 1 个特征项，现在的特征就有 2 个，并对生成的特征进行切分
print("#" * 50)
```

```
x2 = np.hstack([X, X**2]) #添加平方项作为多项式特征
x2_train, x2_test, y2_train, y2_test = train_test_split(x2, y,test_size=0.2)

lin_reg2 = LinearRegression()
lin_reg2.fit(x2_train,y2_train)
score_leg2 = lin_reg2.score(x2_test, y2_test)
print("手动生成多项式特征后的拟合得分:")
print(score_leg2)

#将原始数据与拟合曲线画图显示
y_predict2 = lin_reg2.predict(x2)
plt.scatter(x,y)
# 对x进行排序处理，对y预测值也根据x的索引变化进行排序
plt.plot(np.sort(x),y_predict2[np.argsort(x)],color='r')
# plt.plot(x, y, color='r')
plt.xlabel("x")
plt.ylabel("y")
plt.title("手动添加多项式特征后回归拟合的结果")
plt.show()
```

步骤五：自动生成多项式特征，并进行线性回归分析。

```
#自动生成多项式特征，同时指定生成的最高次幂为30
print("#" * 50)
poly = PolynomialFeatures(degree=30, include_bias=True) #设置最多添加30次
幂的特征项
poly.fit(X)
x3 = poly.transform(X)
#进行标准化处理
scaler = StandardScaler()
x3 = scaler.fit_transform(x3)

#进行线性回归分析，发生过拟合
x3_train, x3_test, y3_train, y3_test = train_test_split(x3, y, test_size=0.2)
lin_reg3 = LinearRegression()
lin_reg3.fit(x3_train, y3_train)
score_leg3 = lin_reg3.score(x3_test, y3_test)
print("发生过拟合时的回归拟合得分:")
print(score_leg3)
```

```
y_pre_test = lin_reg3.predict(x3_test)
print("发生过拟合时的 R 方得分：")
print(r2_score(y_pre_test, y3_test))
print("发生过拟合时的 MSE：")
print(mean_squared_error(y_pre_test, y3_test))

#将原始数据与回归拟合曲线画图显示
y_predict3 = lin_reg3.predict(x3)
plt.scatter(x,y)
plt.plot(np.sort(x),y_predict3[np.argsort(x)],color='r')
plt.xlabel("x")
plt.ylabel("y")
plt.title("发生过拟合时的回归拟合的结果")
plt.show()
```

步骤六：使用 L1 正则化解决过拟合问题。

```
#解决过拟合问题可使用 Lasso 回归，可将其理解为加入 L1 正则化的线性回归
print("#" * 50)
lasso = Lasso(alpha=0.01)
lasso.fit(x3_train, y3_train)
score_leg4 = lasso.score(x3_test, y3_test)
print("添加 L1 正则化后的回归拟合得分：")
print(score_leg4)
y_pre_test = lasso.predict(x3_test)
print("添加 L1 正则化时的 R 方得分：")
print(r2_score(y_pre_test, y3_test))
print("添加 L1 正则化时的 MSE：")
print(mean_squared_error(y_pre_test, y3_test))
#打印权重、截距
print("模型权重：")
print(lasso.coef_)
print("模型截距：")
print(lasso.intercept_)

#将原始数据与回归拟合曲线画图显示
y_predict4 = lasso.predict(x3)
plt.scatter(x,y)
plt.plot(np.sort(x), y_predict4[np.argsort(x)],color='r')
plt.xlabel("x")
plt.ylabel("y")
plt.title("L1 正则化后回归拟合的结果")
```

```
plt.show()
```

步骤七：使用 L2 正则化解决过拟合问题。

```
#解决过拟合问题可使用 Ridge 回归，可将其理解为加入 L2 正则化的线性回归
print("#" * 50)
ridge = Ridge(alpha=0.1)
ridge.fit(x3_train, y3_train)
score_leg5 = ridge.score(x3_test, y3_test)
print("添加 L2 正则化后的回归拟合得分:")
print(score_leg5)
y_pre_test = ridge.predict(x3_test)
print("添加 L2 正则化时的 R 方得分: ")
print(r2_score(y_pre_test, y3_test))
print("添加 L2 正则化时的 MSE: ")
print(mean_squared_error(y_pre_test, y3_test))
#打印权重、截距
print("模型权重: ")
print(ridge.coef_)
print("模型截距: ")
print(ridge.intercept_)

#将原始数据与回归拟合曲线画图显示
y_predict5 = lasso.predict(x3)
plt.scatter(x,y)
plt.plot(np.sort(x),y_predict5[np.argsort(x)],color='r')
plt.xlabel("x")
plt.ylabel("y")
plt.title("L2 正则化后回归拟合的结果")
plt.show()
```

步骤八：运行代码。

运行代码，结果如下。其中，图 2.6（a）所示为原始数据，图 2.6（b）所示为直接线性回归拟合的结果，图 2.7（a）所示为手动添加多项式特征后回归拟合的结果，图 2.7（b）所示为发生过拟合时的回归拟合的结果，图 2.8（a）与图 2.8（b）所示为 L1 正则化与 L2 正则化后回归拟合的结果。

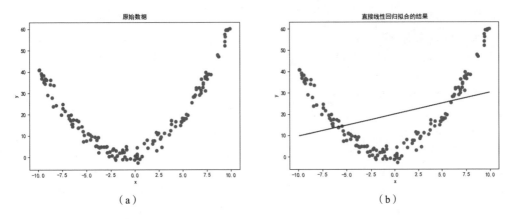

图 2.6　原始数据与直接线性回归拟合的结果

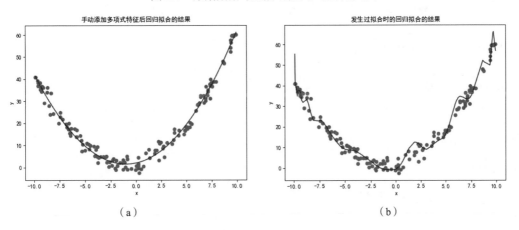

图 2.7　手动添加多项式特征后回归拟合的结果与发生过拟合时的回归拟合的结果

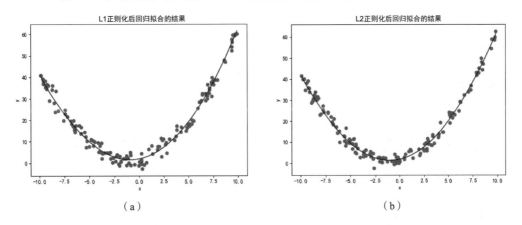

图 2.8　L1 正则化与 L2 正则化后回归拟合的结果

```
#################################################
```
直接线性回归拟合得分：

0.020867035017906654
```
#################################################
```
手动生成多项式特征后的拟合得分：

0.981925051076655
```
#################################################
```
发生过拟合时的回归拟合得分：

0.9169148075290364

发生过拟合时的 R 方得分：

0.9210030387265786

发生过拟合时的 MSE：

20.01858730428728
```
#################################################
```
添加 L1 正则化后的回归拟合得分：

0.9854991294840121

添加 L1 正则化时的 R 方得分：

0.9848890972131102

添加 L1 正则化时的 MSE：

3.4938469031520767

模型权重：

```
[ 0.        5.39015911      15.52541226      0.  -0.3147313      0.4585594
 -0.        0.14817102      -0.              0.  -0.              0.
  0.        0.              0.               0.   0.              0.
  …
 ]
```

模型截距：

19.355134432757737
```
#################################################
```
添加 L2 正则化后的回归拟合得分：

0.9858272488859081

添加 L2 正则化时的 R 方得分：

0.9852999203960406

添加 L2 正则化时的 MSE：

3.4147896524225647

模型权重：

```
[ 0.00000000e+00      5.61290805e+00      1.57262837e+01   -1.33216736e+00
```

```
 -1.74239634e-01        2.76791969e+00       -1.87442299e-01        4.99221069e-01
 -5.22006626e-01       -1.42152053e+00       -6.35152055e-01       -1.72496550e+00
 ...
]
```
模型截距：
```
19.35810745495618
```

4. 案例小结

本案例通过多项式回归对数据进行建模，并针对过拟合使用 L1 正则化与 L2 正则化进行了优化，在训练过程中可以借鉴以下经验。

（1）对于非线性数据，使用线性回归的效果不明显。

（2）可以先根据需要采用手动添加多项式特征的方法构建特征，再进行回归拟合。

（3）在发生过拟合时，可以使用 L1 正则化或 L2 正则化对模型进行优化。

本章总结

- 多项式回归是对非线性数据进行拟合，解决线性拟合误差太大的问题。
- Z 标准化依据原始特征数据的均值和标准差对数据进行标准化，经过处理后，数据的均值为 0，标准差为 1。
- 模型训练的常见问题有欠拟合与过拟合，可以使用使用正则化方法对模型进行优化。

作业与练习

1．[单选题]特征缩放是指（　　）。

　　A．对特征数据按比例进行缩放，使之落入一个较小的特定区间内

　　B．对特征数据进行放大

　　C．对特征数据进行缩小

　　D．对特征数据进行放大与缩小

2．[单选题]0-1 标准化是指（　　）。

　　A．将特征数据转换为均值为 0 的过程

　　B．将特征数据转换为方差为 1 的过程

　　C．对原始特征数据进行线性变换，使结果落到[0,1]区间内

D．对原始特征数据进行线性变换，使结果落到(0,1)区间内

3．[单选题] Z-Score 标准化（　　　）。

A．对数据进行正态标准化

B．经过处理的数值符合标准正态分布，均值为 0，标准差为 1

C．根据数据的均值与方差进行标准化

D．与 0-1 标准没有什么区别

4．[单选题]L1 正则化指的是（　　　）。

A．各个特征数据绝对值之和

B．w 各个分量的绝对值之和

C．各个标签数据绝对值之和

D．w 各个分量的绝对值平方之和

5．[单选题]L2 正则化指的是（　　　）。

A．w 各个分量的绝对值之和

B．w 各个分量的绝对值立方之和

C．w 各个分量的绝对值平方之和

D．w 各个分量之和

ML-02-c-001

第3章

基于逻辑回归算法的乳腺癌患病预测

本章目标

- 理解逻辑回归算法的工作原理。
- 掌握分类数据预处理的方法。
- 理解混淆矩阵、ROC 曲线、AUC 的作用。
- 掌握使用评估指标评估模型优劣的方法。

逻辑回归算法是机器学习中使用最广泛的有监督二分类算法，运行速度非常快。本章重点介绍逻辑回归，包括逻辑回归算法的工作原理、分类数据预处理的方法，以及混淆矩阵、ROC 曲线、AUC 等，并使用以上指标对模型进行评估。

本章包含的一个案例如下：

- 基于逻辑回归算法的乳腺癌患病预测。

使用逻辑回归算法构建针对乳腺癌患病的逻辑回归模型，并使用准确率、精确率、召回率等指标对模型进行性能评价。

3.1 逻辑回归算法

3.1.1 逻辑回归算法概述

逻辑回归（Logistic Regression）算法是使用最广泛的有监督二分类算法，逻辑回归模型在所有二分类模型中运行速度最快，在机器学习领域和深度学习领域，分类效果均表现良好。

在二分类问题中，通常将数据分为正样本和负样本两个类别。正样本是分类任务关注的样本类别。例如，判别一个人是否患癌症，分类任务关注的重点是此人患有癌症，因此将判定患有癌症设定为正样本，将判定不患癌症设定为负样本。

逻辑回归算法是通过计算出某个样本属于正样本与负样本的概率来进行分类的，这就涉及概率估算。

3.1.2 概率估算

ML-03-v-001

本质上，逻辑回归模型计算的是特征的加权和，最终得到输出正样本的概率，其计算公式如式（3.1）所示。

$$p = h_{\mathbf{w}}\left(\mathbf{w}^{\mathrm{T}}\mathbf{x}\right) = \sigma\left(\mathbf{x}^{\mathrm{T}}\mathbf{w}\right) \tag{3.1}$$

式中，$\mathbf{x}$ 为输入的样本特征；$\mathbf{w}$ 为权重向量。$\sigma(t)$ 为 sigmoid 函数，其定义式如式（3.2）所示，该函数的图形如图 3.1 所示。

$$\sigma(t) = \frac{1}{1 + \exp(-t)} \tag{3.2}$$

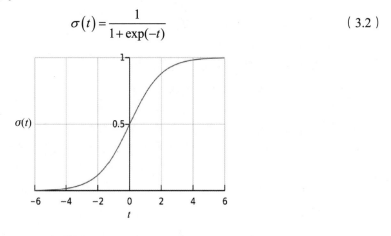

图 3.1 sigmoid 函数的图形

$\sigma(t)$ 的值域为[0,1]，代表的是正样本发生的概率，此时可将 0.5 作为阈值，若 $\sigma(t)$ 的输出值大于 0.5，则将该样本判定为正样本；反之，则判定为负样本。也就是说，只要逻辑回归模型估算出样本 $\mathbf{x}$ 属于正样本的概率，即可做出类别的判定，如式（3.3）所示。

$$y = \begin{cases} 0 & (p < 0.5) \\ 1 & (p \geqslant 0.5) \end{cases} \tag{3.3}$$

对 sigmoid 函数而言，当 $t < 0$ 时，$\sigma(t) < 0.5$；当 $t \geqslant 0.5$ 时，$\sigma(t) \geqslant 0.5$。由此可知，若 $\mathbf{w}^{\mathrm{T}}\mathbf{x}$ 是正样本，则逻辑回归模型的预测结果为 1；若 $\mathbf{w}^{\mathrm{T}}\mathbf{x}$ 是负样本，则逻辑回归模型的预测结果为 0。

3.1.3　损失函数

ML-03-v-002

对逻辑回归模型进行训练，其实就是通过某一种方法调整权重向量 w，以使模型对正样本估算的概率高，对负样本估算的概率低。为了达到此目的，对单个样本可选用如式（3.4）所示的损失函数。

$$J(w) = \begin{cases} -\log_2 p & (y=1) \\ -\log_2 1-p & (y=0) \end{cases} \tag{3.4}$$

之所以选择式（3.4）作为单个样本的损失函数，是因为当 x 趋于 0 时，函数 $-\log_2 x$ 的值会趋于无穷大，此时若模型将样本判定为正样本，则损失函数会相当大。同时，若模型估算负样本的概率趋于 1，则损失函数同样很大。但是，如果 x 趋于 1，函数 $-\log_2 x$ 的函数值会趋于 0，此时估算一个正样本的概率将趋于 1，损失函数的取值接近 0；估算一个负样本的概率趋于 0，损失函数的取值也接近 0。

将所有训练样本的损失函数进行综合，则得到逻辑回归模型的损失函数，如式（3.5）所示。

$$J(w) = -\frac{1}{m} \sum_{i=1}^{m} \left[y^i \log_2 p^i + \left(1-y^i\right) \log_2 \left(1-p^i\right) \right] \tag{3.5}$$

通过证明，可以得到式（3.5）所表示的损失函数为凸函数，使用第 1 章所介绍的梯度下降算法可以求出全局最小值，也可以使用其他最优化算法进行求解。

使用 sklearn 可以快速实现逻辑回归，此处使用逻辑回归对鸢尾花数据集进行分类，代码名称为 IrisProject.py，目录结构如图 3.2 所示，步骤如下：

▼ 📁 chapter-3
　▶ 📁 .idea
　　📄 breast-cancer-wisconsin.data
　　📄 BreastCancerProject.py
　　📄 iris.txt
　　📄 IrisProject.py
　　📄 LabelProject.py
　　📄 OneHotEncodeProject.py

图 3.2　目录结构

步骤一：导入模块，并忽略警告。

```python
#导入模块
from sklearn.linear_model import LogisticRegression
from sklearn.datasets import load_iris
from sklearn.preprocessing import StandardScaler
from sklearn.metrics import accuracy_score
from sklearn.model_selection import train_test_split
#忽略警告
import warnings
warnings.filterwarnings('ignore')
```

步骤二：加载数据集，并进行数据预处理。

```python
#加载鸢尾花数据集
```

```
x, y = load_iris(return_X_y=True)
# 对特征进行标准化处理
x = StandardScaler().fit_transform(x)
# 对数据集进行切分，测试集所占比例为20%
x_train, x_test, y_train, y_test = train_test_split(x, y, test_size=0.2)
```

步骤三：创建模型，并进行训练。

```
# 创建模型
model = LogisticRegression()
model.fit(x_train, y_train)
y_ = model.predict(x_test)
#进行模型性能评估
print('准确率：{}'.format(accuracy_score(y_test, y_)))
# model.score 函数也可打印准确率
print('准确率：{}'.format(model.score(x_test, y_test)))
```

步骤四：运行代码。

运行代码，结果如下：

准确率：1.0

准确率：1.0

3.2 分类数据的预处理

ML-03-v-003

3.2.1 欠采样与过采样

对于二分类问题，可能会存在一种极端的情况——正样本的数量远少于负样本的数量。例如，在人类社会中，患有癌症的人数比不患癌症的人数要少很多。在进行模型训练时，如果训练数据中存在这种极端情况，将会极大地影响模型的性能，甚至正样本会被模型忽视，从而导致错误。解决样本数量不平衡问题的方式通常是样本数量的平衡化，具体实现方式有欠采样与过采样。

欠采样是指从数量大的类别中随机抽取一定数量的样本，使抽取的样本数量与数量少的类别的样本数相当。例如，在训练集中，正样本的数量为 1000 个，而负样本的数量为 10 万个，两者的比例为 1：100，出现极度偏斜的情况，此时可采用欠采样的方式进行样本数量的平衡，从 10 万个负样本中随机抽取 1000 个，从而使正样本与负样本的数量比例为 1：1。

过采样是指对数量少的类别进行重复抽样，以形成与数量大的类别数量相当的样本数。对于前一个例子，也可以采用过采样的方法进行样本数量的平衡，如对 1000 个正样本，每次随机采集 1 个样本，重复采样 10 万次，从而形成 10 万个正样本，最终使正、负样本的数量比例为 1∶1。

在实际应用中，可以根据需求编程实现样本数量的平衡，方式并不固定。比较便捷的方式是使用 pandas 库提供的数据帧方法 sample() 完成，在 3.4 节的案例中将有所体现。

3.2.2　数据的标签化

在构建模型进行分类之前，如果使用的数据集不是已经处理好的数据集，往往需要进行一些预处理。本节要介绍的数据预处理方法是进行标签化或采用独热编码。

使用某几个特定的数字来代表特征所属于的类别的过程，叫作标签化。例如，在鸢尾花数据集中共有三个类别的数据，分别是山鸢尾花（Iris-setosa）、变色鸢尾花（Iris-versicolor）和维吉尼亚鸢尾花（Iris-virginica），为了方便模型训练，可以使用 0 代表山鸢尾花，使用 1 代表变色鸢尾花，使用 2 代表维吉尼亚鸢尾花。

使用 sklearn.preprocessing 模块的 LabelEncoder 类可以实现标签化，代码名称为 LabelProject.py，目录结构仍然如图 3.2 所示，步骤如下：

步骤一：导入模块，并忽略警告。

```python
#导入模块
import pandas as pd
from sklearn.preprocessing import StandardScaler
from sklearn.preprocessing import LabelEncoder

# 忽略警告
import warnings
warnings.filterwarnings('ignore')
```

步骤二：提取特征与类别列，并对类别列进行标签化。

```python
#读取数据文件, 提取类别列
df = pd.read_csv('iris.txt', header=None, names=['x1', 'x2', 'x3', 'x4', 'y'])
#将特征和类别切分
x = df[['x1', 'x2', 'x3', 'x4']]
y = df['y']
print("\n 标签化之前的类别: ")
print(y)

# 对特征进行标准化处理
```

```
x = StandardScaler().fit_transform(x)
# 对标签进行标签化处理
y = LabelEncoder().fit_transform(y)
print("\n 标签化之后的结果：")
print(y)
```

步骤三：运行代码。

运行代码，结果如下：

标签化之前的类别：

```
0          Iris-setosa
1          Iris-setosa
2          Iris-setosa
3          Iris-setosa
4          Iris-setosa
              ...
145      Iris-virginica
146      Iris-virginica
147      Iris-virginica
148      Iris-virginica
149      Iris-virginica
Name: y, Length: 150, dtype: object
```
标签化之后的结果：
```
[0 0 0 0 0 0 0 0 0 0 0 0 0 0 0 0 0 0 0 0 0 0 0 0 0 0 0 0 0 0 0 0 0 0 0 0
 0 0 0 0 0 0 0 0 0 0 0 0 0 0 1 1 1 1 1 1 1 1 1 1 1 1 1 1 1 1 1 1 1 1 1 1
 1 1 1 1 1 1 1 1 1 1 1 1 1 1 1 1 1 1 1 1 1 1 1 1 1 1 2 2 2 2 2 2 2 2 2 2
 2 2 2 2 2 2 2 2 2 2 2 2 2 2 2 2 2 2 2 2 2 2 2 2 2 2 2 2 2 2 2 2 2 2 2 2
 2 2]
```

由以上结果可以看出，已经将山鸢尾花（Iris-setosa）标签化为 0，将变色鸢尾花（Iris-versicolor）标签化为 1，将维吉尼亚鸢尾花（Iris-virginica）标签化为 2。

3.2.3　数据的独热编码

ML-03-v-004

独热编码也叫独热码，使用与类别数量相等的 0 或 1 组成的一系列二进制数来表示类别，有几个类别就有几个比特，而且对应类别的位置为 1，其余全为 0。例如，在鸢尾花数据集中共有三个类别的数据，因此使用三个比特来对各类别进行独热编码，对标签为 0 的山鸢尾花（Iris-setosa）使用 100 来编码，对标签为 1 的变色鸢尾花（Iris-versicolor）使用 010

来编码，对标签为 2 的维吉尼亚鸢尾花（Iris-virginica）使用 001 来编码。

使用独热编码来对各类别进行编码，是因为大部分算法是基于向量空间来进行计算的，也是为了使非偏序关系的变量取值不具有偏序性，到原点是等距的。使用独热编码可以将离散特征的取值扩展到欧式空间，从而使离散特征的某个取值对应欧式空间的某个点，也使特征之间的距离计算更加合理。独热编码解决了分类模型不好处理属性数据的问题，在一定程度上起到了扩充特征的作用，取值只有 0 和 1，不同的类别存储在垂直的空间中。但是独热编码也存在缺点，即当类别的数量很多时，特征空间的维度会变得相当复杂，此时可使用主成分分析（PCA）算法来降低维度。

使用 sklearn.preprocessing 模块的 OneHotEncoder 类可以实现独热化，代码名称为 OneHotEncodeProject.py，目录结构仍然如图 3.2 所示，步骤如下：

步骤一：导入模块，并忽略警告。

```python
#导入模块
import pandas as pd
import numpy as np
from sklearn.preprocessing import LabelEncoder
from sklearn.preprocessing import OneHotEncoder

# 忽略警告
import warnings
warnings.filterwarnings('ignore')
```

步骤二：提取特征与类别列，对类别列进行标签化处理并转换形状。

```python
#读取数据文件，提取特征与类别列
df = pd.read_csv('iris.txt', header=None, names=['x1', 'x2', 'x3', 'x4', 'y'])
#将特征和类别切分
x = df[['x1', 'x2', 'x3', 'x4']]
y = df['y']

# 对类别列进行标签化处理并转换形状
y = LabelEncoder().fit_transform(y)
y = np.array(y).reshape(-1, 1)
```

步骤三：构建模型，并进行独热编码。

```python
#构建模型，并进行独热编码
model = OneHotEncoder()
model.fit(y)
```

```
one_hot_code = model.transform(y)
print("\n 独热编码中 1 与其对应索引如下：")
print(one_hot_code)
print("\n 独热编码矩阵：")
print(one_hot_code.toarray())
```

步骤四：运行代码。

运行代码，结果如下：

```
独热编码中，1 与其对应索引如下：
(0, 0)        1.0
(1, 0)        1.0
(2, 0)        1.0
  ...
(147, 2)      1.0
(148, 2)      1.0
(149, 2)      1.0

独热编码矩阵：
[[1. 0. 0.]
 [1. 0. 0.]
 [1. 0. 0.]
  ...
 [0. 1. 0.]
 [0. 1. 0.]
 [0. 1. 0.]
  ...
 [0. 0. 1.]
 [0. 0. 1.]
 [0. 0. 1.]
  ...
```

ML-03-v-005

3.3　模型的性能评估

3.3.1　数值型模型评估方法

数值型模型评估方法是指使用一些数值指标（如混淆矩阵、精确率、召回率、F1 等）来评判模型的性能。

　　混淆矩阵也称误差矩阵，是模型精度评价的一种方式，使用 $n×n$ 型的矩阵来存储相应数值，其中，每列存放样本的预测类别，每列的总和为预测该类别的数目；每行存放样本的真实类别，每行的数据总和为该类别真实的数目。对于 n 个类别的模型，混淆矩阵为 $n×n$ 结构。如果是二分类模型，混淆矩阵为 $2×2$ 型的矩阵，如图 3.3 所示。

真实	预测	
	0	1
0	TN	FP
1	FN	TP

图 3.3　二分类模型的混淆矩阵

　　其中，TN、FP、FN、TP 代表预测结果的样本数量，具体意义如下：

TN（True Negative）：实际为负样本，预测结果也为负样本，预测结果正确。

FP（False Positive）：实际为负样本，预测结果为正样本，预测结果错误。

FN（False Negative）：实际为正样本，预测结果为负样本，预测结果错误。

TP（True Positive）：实际值为正样本，预测结果也为正样本，预测结果正确。

　　以预测 10 000 个人是否患癌症为例，此时，0 代表阴性（Negative），1 代表阳性（Positive），癌症患者混淆矩阵如图 3.4 所示。其中，9978 代表的是 9978 人实际未患癌症，模型判定他们也未患癌症；12 代表的是 12 人实际未患癌症，但模型判定他们为癌症患者；2 代表的是 2 人实际患有癌症，但模型判定他们未患癌症；8 代表的是 8 人实际患有癌症，模型也判定他们为癌症患者。

真实	预测	
	0	1
0	9978 TN	12 FP
1	2 FN	8 TP

图 3.4　癌症患者混淆矩阵

　　以混淆矩阵为基础，可以很方便地计算出精确率、召回率、F1。精确率指预测所关注的事件的准确率，其计算公式如式（3.6）所示。

$$Precision = \frac{TP}{TP + FP} \qquad (3.6)$$

在图 3.3 所示的例子中，关注的事件是结果为 1 的事件（患有癌症），预测结果为阳性的有 20 次，正确的结果为 8 次，精确率为 40%，其计算过程为

$$Precision = \frac{TP}{TP + FP} = \frac{8}{8 + 12} = 0.4 = 40\% \qquad (3.7)$$

召回率是指对所有所关注的事件（癌症患者，共 10 个），将其预测出的概率（预测出 8 个），计算公式如式（3.8）所示。

$$Recall = \frac{TP}{TP + FN} \qquad (3.8)$$

同样，以图 3.3 所示的数据为例，召回率为 80%，其计算过程为

$$Recall = \frac{TP}{TP + FN} = \frac{8}{8 + 2} = 0.8 = 80\% \qquad (3.9)$$

但是，有时需要兼顾精确率与召回率，此时可以使用 F1，通过 F1，可以判断模型的性能优劣，其计算公式如式（3.10）所示。

$$F1 = \frac{2 \cdot Precision \cdot Recall}{Precision + Recall} \qquad (3.10)$$

将式（3.7）与式（3.9）所得数值代入式（3.10），可算出 F1 的值约为 53.3%。

3.3.2　几何型模型评估方法

除了用一些数值指标来评判模型的性能，还可以使用一些与数值指标相关的几何指标（如 PR 曲线、ROC 曲线及 AUC）来评判模型的性能。

ML-03-v-006

PR 曲线当中的 P 为精确率，R 为召回率，PR 曲线所表示的是精确率与召回率的制约关系：若精确率提高，则召回率会下降；若召回率提高，则精确率会下降。因此，需要寻找到两者的平衡点。此时，可以设置一个阈值（Threshold），当计算出来的分类值（Score）大于阈值时，预测结果为 1，否则，预测结果为 0。可根据需要设置合适的阈值，当增大阈值时，精确率会提高，召回率会下降；当减小阈值时，精确率会下降，召回率会提高。PR 曲线如图 3.5 所示。

ROC 曲线（Receiver Operation Characteristic Curve）所要描述的是 TPR 与 FPR 之间的关系，用于评判任意两个模型之间性能的优劣，可以是相同算法、不同参数所构建的模型，也可以是两个不同算法训练所得的模型。TPR 为真正率，即被预测为正样本的正样本数量与正样本实际数量的比值，如式（3.11）所示。FPR 为假正率，即被预测为正样本的负样本数量与负样本实际数量的比值，如式（3.12）所示。

$$TPR = \frac{TP}{TP + FN} \qquad (3.11)$$

$$FPR = \frac{FP}{TN + FP} \qquad (3.12)$$

ROC 曲线如图 3.6 所示。

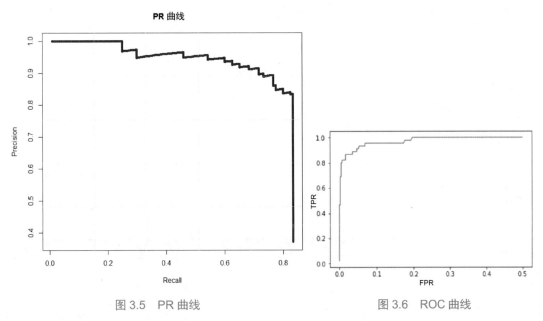

图 3.5　PR 曲线　　　　　　　　　　图 3.6　ROC 曲线

曲线下面积（Area Under the Curve, AUC）为 ROC 曲线与 x 轴形成的面积，如图 3.7 中阴影部分所示。AUC 衡量的是模型的泛化能力，AUC 越大，模型的泛化能力越强，反之，则越弱。

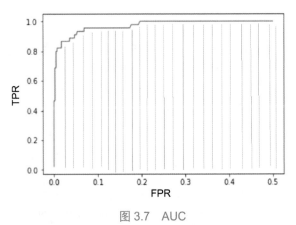

图 3.7　AUC

3.4   案例实现——基于逻辑回归算法的乳腺癌患病预测

本案例使用逻辑回归模型对乳腺癌病人进行回归分析，并对模型性能采用多个指标进行评估。

1. 案例目标

（1）掌握常规数据的预处理方法。

（2）掌握逻辑回归模型的构建思路。

（3）掌握逻辑回归模型的评估方法。

2. 案例环境

案例环境如表 3.1 所示。

表 3.1   案例环境

硬件	软件	资源
PC 或 AIX-EBoard 人工智能实验平台	Ubuntu 18.04/Windows 10 pandas 1.3.5 NumPy 1.21.6 sklearn 0.20.3 matplotlib 3.5.1 Python 3.7.3	breast-cancer-wisconsin.data

3. 案例步骤

本案例的代码名称为 BreastCancerProject.py，目录结构如图 3.2 所示。本案例主要包含以下步骤。

步骤一：导入模块

```
#导入相关包
import pandas as pd
import numpy as np
from sklearn.preprocessing import StandardScaler
from sklearn.model_selection import train_test_split
from sklearn.linear_model import LogisticRegression
```

```
from sklearn.metrics import accuracy_score, precision_score, recall_score,
f1_score
    from sklearn.metrics import classification_report, roc_curve, roc_auc_score,
confusion_matrix
    import matplotlib.pyplot as plt
    import warnings
```

步骤二：设置中文显示，并忽略警告。

```
#设置中文显示
plt.rcParams['font.sans-serif'] = ['SimHei']
plt.rcParams['axes.unicode_minus'] = False
#忽略警告
warnings.filterwarnings("ignore")
```

步骤三：读取数据，并对其进行处理。

```
#读取数据，并对其进行处理
df = pd.read_csv(r'breast-cancer-wisconsin.data', header=None)
#去除值为"?"的数据，并删除nan值
df.replace('?', np.NaN, inplace=True)
df.dropna(inplace=True)


# 对分类进行映射: 2-->0, 0-->1
df[10] = df[10].map({2: 0, 4: 1})
#查看类别的频数统计
print("类别的频数统计:")
print(df[10].value_counts())


# 类别不平衡，需要进行类别平衡
# 从类别1当中随机抽样（440-239）条数据
df1 = df[df[10]==1].sample(440-239)
#合并df和df1，以保证类别之间的数量平衡
df = pd.concat([df, df1], axis=0)
print('类别平衡后的结果：')
print(df[10].value_counts())


#提取特征与标签
y = df[[10]]
del df[10]
x = df
```

```
# 特征缩放
std = StandardScaler()
x = std.fit_transform(x)

# 切分数据集
x_train, x_test, y_train, y_test = train_test_split(x, y, test_size=0.3)
```

步骤四：创建逻辑回归模型，并进行训练。

```
# 创建逻辑回归模型
model = LogisticRegression(C=10)    #正则项为 0.1 的操作
model.fit(x_train, y_train)
y_ = model.predict(x_test)
#模型预测的概率分为两列数据，分别是负样本概率和正样本概率，加和值为 1
print("模型预测的概率:")
print(model.predict_proba(x_test))
```

步骤五：对模型进行性能评估。

```
# 模型性能评估
print('准确率:', accuracy_score(y_test, y_))
print('准确率: ', model.score(x_test, y_test))
print('精确率:', precision_score(y_test, y_))
print('召回率: ', recall_score(y_test, y_))
print('f1:', f1_score(y_test, y_))

print('分类报告:')
print(classification_report(y_test, y_))
print('混淆矩阵:')
print(confusion_matrix(y_test, y_))
# ROC 曲线和 AUC 得分
fpr, tpr, th = roc_curve(y_test, model.predict_proba(x_test)[:, -1:])

auc_score = roc_auc_score(y_test, model.predict_proba(x_test)[:, -1:])
print("AUC 得分: ")
print(auc_score)
plt.plot(fpr, tpr)
plt.xlabel("FPR")
plt.ylabel("TPR")
plt.title("ROC 曲线")
plt.show()
```

步骤六：运行代码。

运行代码，结果如下。其中，图 3.8 所示为模型的 ROC 曲线。

ML-03-v-007

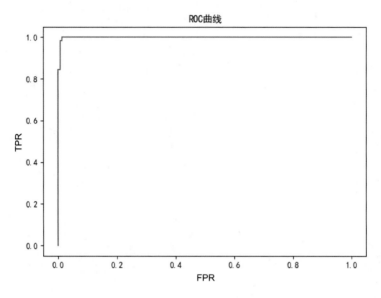

图 3.8　模型的 ROC 曲线

类别的频数统计:

0　444

1　239

Name: 10, dtype: int64

类别平衡后的结果:

1　444

0　444

Name: 10, dtype: int64

模型预测的概率:

[[1.64559842e-04 9.99835440e-01]

 [9.87977744e-01 1.20222562e-02]

 [9.90228595e-01 9.77140509e-03]

…

 [1.52629258e-06 9.99998474e-01]

 [7.04642787e-03 9.92953572e-01]

 [9.90433803e-01 9.56619718e-03]]

准确率: 0.9887640449438202

```
准确率: 0.9887640449438202
精确率: 0.9925925925925926
召回率: 0.9852941176470589
f1: 0.988929889298893
分类报告:
                  precision      recall    f1-score     support

              0       0.98        0.99        0.99         131
              1       0.99        0.99        0.99         136

       accuracy                               0.99         267
      macro avg       0.99        0.99        0.99         267
   weighted avg       0.99        0.99        0.99         267


混淆矩阵:
[[130   1]
 [  2 134]]
AUC 得分:
0.9987090255949708
```

4. 案例小结

本案例通过逻辑回归算法实现对乳腺癌患病的预测，其中，准确率约为 98.88%，精确率约为 99.26%，召回率约为 98.53%，AUC 得分约为 0.9987，是不错的结果，在训练过程中可以借鉴以下经验。

（1）如果特征数据不平衡，可以进行数据的平衡化。

（2）在训练过程中，可以对数据进行类别映射。

（3）根据需要选择模型评估的指标。

本章总结

- 逻辑回归算法是机器学习中使用最广泛的有监督二分类算法，通常需要将数据分为正样本和负样本两个类别，运行速度非常快。
- 分类数据的预处理方式主要包括标签化和独热编码。
- 逻辑回归模型的主要评估方式包括混淆矩阵、精确率、召回率、PR 曲线以及 ROC 曲线。

作业与练习

1．[单选题]逻辑回归通常用于（　　　）。

  A．多分类问题   B．二分类问题

  C．任意分类问题   D．概率计算

2．[单选题]逻辑回归的概率估算是使用（　　　）完成的。

  A．sigmoid 函数   B．tanh 函数

  C．损失函数   D．softmax 函数

3．[单选题]以下说法错误的是（　　　）。

  A．TN（True Negative）：实际为负样本，预测结果也为负样本，预测结果正确

  B．FP（False Positive）：实际为负样本，预测结果为正样本，预测结果正确

  C．FN（False Negative）：实际为正样本，预测结果为负样本，预测结果错误

  D．TP（True Positive）：实际值为正样本，预测结果也为正样本，预测结果正确

4．[多选题]下列有关精确率与召回率的说法正确的是（　　　）。

  A．精确率提高，召回率也会提高

  B．精确率提高，召回率会降低

  C．召回率降低，精确率也会降低

  D．召回率降低，精确率提高

5．[单选题]下列有关 AUC 的说法正确的是（　　　）。

  A．AUC 越大说明模型性能越好

  B．AUC 越大说明模型性能越差

  C．AUC 与模型性能没有关系

  D．AUC 越小说明模型性能越好

ML-03-c-001

第 4 章

基于 *k*-NN 算法的分类

本章目标

- 了解 *k*-NN 算法的应用场景。
- 理解距离度量常用的方法。
- 理解 *k*-NN 算法的工作原理。
- 理解 *kd* 树的搜索过程。
- 掌握使用 *k*-NN 算法进行分类的过程。

k-NN 算法的用法简单，是常用的分类算法之一，属于有监督的机器学习算法。本章介绍 *k*-NN 算法，包括距离度量的方法、*k*-NN 算法的工作原理，以及使用 *kd* 树对 *k*-NN 算法进行加速优化等。

本章包含的两个案例如下：

- 基于 *k*-NN 算法的电影分类。

基于 *k*-NN 算法的工作原理，使用底层编码的方式实现 *k*-NN 算法，以对电影构建分类模型并对其进行分类。

- 基于 *k*-NN 算法的鸢尾花数据集分类。

基于机器学习库构建 *k*-NN 模型，对模型进行训练之后，对未知类型的鸢尾花进行预测分类。

4.1　k-NN 算法

4.1.1　k-NN 算法概述

k-NN（k-Nearest Neighbor）算法又称 k 近邻算法，是一种有监督的机器学习算法，主要基于距离进行计算，可以用于处理分类及回归问题。从算法的名字可以看出，k-NN 就是 k 个最近邻居，当处理分类问题时，使用距离预测样本最近的 k 个样本所属的类别作为预测样本的类别。

4.1.2　样本距离的度量

k-NN 算法是基于样本之间的距离来运算的，可以使用闵可夫斯基距离来表示样本之间的距离，如式（4.1）所示。

$$L_p\left(\boldsymbol{x}_1,\boldsymbol{x}_2\right)=\left[\left|x_{11}-x_{21}\right|^p+\left|x_{12}-x_{22}\right|^p+\cdots+\left|x_{1n}-x_{2n}\right|^p\right]^{\frac{1}{p}}=\sqrt[p]{\sum_{i=1}^{n}\left|x_{1i}-x_{2i}\right|^p} \tag{4.1}$$

式中，$\boldsymbol{x}_1$、$\boldsymbol{x}_2$ 为向量；n 为分量的个数；p 可以取任意正整数。

当 $p=1$ 时，闵可夫斯基距离称为曼哈顿距离，此时式（4.1）演化为式（4.2）。

$$L_1\left(\boldsymbol{x}_1,\boldsymbol{x}_2\right)=\left|x_{11}-x_{21}\right|+\left|x_{12}-x_{22}\right|+\cdots+\left|x_{1n}-x_{2n}\right|=\sum_{i=1}^{n}\left|x_{1i}-x_{2i}\right| \tag{4.2}$$

当 $p=2$ 时，闵可夫斯基距离称为欧几里得距离，此时式（4.1）演化为式（4.3）。

$$L_2\left(\boldsymbol{x}_1,\boldsymbol{x}_2\right)=\left[\left|x_{11}-x_{21}\right|^2+\left|x_{12}-x_{22}\right|^2+\cdots+\left|x_{1n}-x_{2n}\right|^2\right]^{\frac{1}{2}}=\sqrt{\sum_{i=1}^{n}\left|x_{1i}-x_{2i}\right|^2} \tag{4.3}$$

默认使用的样本之间的距离为欧几里得距离，即 $p=2$ 的闵可夫斯基距离。

4.1.3　k-NN 算法的工作原理

ML-04-v-001

k-NN 算法既可以用于分类，又可以用于回归预测。当 k-NN 算法用于分类时，工作原理如图 4.1 所示。在图 4.1 中，绿色圆点为预测点，总体上可以选择距离预测点最近的 k 个样本点的类别作为预测点的类别。当 k 的取值为 3 时，可以看出，在实线圆内的三个样本点中，两个为红色三角形，一个为蓝色正方形，按少数服从多数的原则（投票），可推测出预测点属于红色三角形类别；当 k 的取值为 5 时，在虚线圆内的样本点中，三个为蓝色正方形，两个为红色三角形，可推测出预测点的类别是蓝色正方形。

由以上分析可以看出，k-NN 算法中 k 的取值与最终分类结果之间存在很大的关联，下文会

介绍如何取得最佳 k 值。

当 k-NN 算法用于回归预测时，工作原理如图 4.2 所示，绿色点是要预测值的点。当 k 的取值为 3 时，实线圆内有三个数值，分别为 10、34、56，此时预测点的值可取三个数值的平均值，即 (10+34+56)÷3≈33.33；当 k 的取值为 5 时，虚线圆内有 5 个数值，分别为 10、34、56、48、34，此时预测点的值可取 5 个数值的平均值，即 (10+34+56+48+34)÷5=36.4。

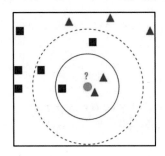
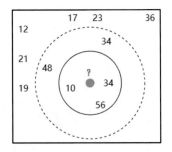

图 4.1 k-NN 算法用于分类时的工作原理　　图 4.2 k-NN 算法用于回归预测时的工作原理

在日常生活当中，可以使用 k-NN 算法进行分类，如判别一部电影具体属于爱情片还是动作片。此时，可以提取电影中打斗镜头与接吻镜头的数量作为判别的特征依据，如表 4.1 所示。

表 4.1 电影分类

电影名称	打斗镜头的数量/个	接吻镜头的数量/个	电影类型
California Man	3	104	爱情片
He's Not Really into Dudes	2	100	爱情片
Beautiful Woman	1	81	爱情片
Kevin Longblade	101	10	动作片
Robo Slayer 3000	99	5	动作片
Amped II	98	2	动作片
?	18	90	未知

根据表 4.1 中的信息，"?"（打斗镜头的数量为 18 个，接吻镜头的数量为 90 个）属于哪一个类别？可以将打斗镜头的数量作为横轴，将接吻镜头的数量作为纵轴，绘制二维坐标图，如图 4.3 所示。

从图 4.3 可看出，"?"属于爱情片，因为其与三部爱情片的距离小于其与三部动作片的距离。使用 k-NN 算法分析的步骤如下：

（1）计算待分类的电影与所有已知分类的电影的欧几里得距离。

（2）按照升序的方式，将计算所得的欧几里得距离排序。

（3）取前 *k* 个电影，设 *k*=3，则得到的电影依次为 *He's Not Really into Dudes*、*Beautiful Woman* 和 *California Man*，而这三部电影全是爱情片，因此可以判定未知电影为爱情片。

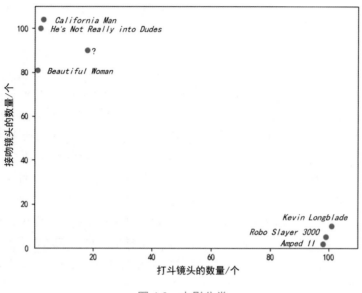

图 4.3　电影分类

4.1.4　*k*-NN 算法的三个要素

ML-04-v-002

由以上分析可得出 *k*-NN 算法的三个基本要素，即距离度量、*k* 的取值、决策规则。

特征空间中两个样本点之间的距离是两个样本点之间相似度的反映，距离越近，相似度越高。*k*-NN 模型使用的距离一般是欧几里得距离，但也可以是其他距离，如曼哈顿距离。

k 值的选择会对 *k*-NN 模型的结果产生重大影响。选择较大的 *k* 值相当于用较大邻域中的训练样本进行预测，此时，模型会考虑较多的邻近样本点，甚至会考虑对预测结果没有作用的样本点，导致预测效果变差；选择较小的 *k* 值相当于用较小邻域中的训练样本进行预测，此时，模型变得敏感，若邻近的样本点恰巧是噪声点，则预测会出现错误。

在实际应用中，*k* 一般取比较小的数值（3~7 范围内的整数），具体视实际项目而定，可以采用一些验证方法以找到最佳的 *k* 值。

但是要注意的是，*k*-NN 算法在计算过程中，要用到距离，因此在使用 *k*-NN 算法进行分类或者回归预测时，要对特征数据进行特征的缩放。一般而言，凡是在运算过程中用到距离或者权重，最好事先进行特征缩放，再使用缩放后的特征进行分类或者回归预测。

另外，对于分类问题，一般采用少数服从多数的决策规则，即投票决定；也可以将距离的倒数作为权重,即采用带权投票的决策方式。对于回归预测问题,可以直接使用算术平均方式计算预测结果,也可以将距离的倒数作为权重计算所得的带权平均值作为预测结果。

4.2　*k*-NN 算法加速思路

　　k-NN 算法在实现过程中,最简单的距离计算方式是使用线性扫描直接计算预测点与每个样本点的距离,计算量大,算法运行时间长,运行效率低,特别不适合数据量很大的情况。

　　为了提高 *k*-NN 算法的搜索效率,可考虑使用特殊的数据结构存储训练数据,以减少计算距离时的计算量。*kd* 树便是一种可以使用的方法,是 *k*-NN 算法中用于计算最近邻距离的一种快速、便捷的方式。*kd* 树的使用分为两个过程,一个是构造 *kd* 树,以使用特殊的数据结构存储训练数据;另一个是搜索 *kd* 树,以减少距离计算过程中样本点的搜索计算量。

　　假设有 m 个样本,每个样本有 n 维特征,在构建 *kd* 树时,先计算 n 维特征的方差,用方差最大的第 k_i 维特征作为根节点;对于该特征,选择中位数 k_v 作为样本划分的分界,将小于中位数 k_v 的样本划分到左子树,将大于或等于中位数 k_v 的样本划分到右子树;对左、右子树采用同样的步骤,即可递归产生 *kd* 树,如图 4.4 所示。

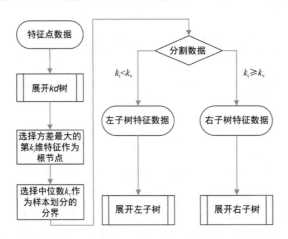

图 4.4　*kd* 树生成流程

　　利用训练数据构建完成 *kd* 树之后,可以使用 *kd* 树对样本点进行快速搜索,以进行距离的计算,如图 4.5 所示。由该图可知,A 为根节点,子节点有 B、C、D、F、G、E,该 *kd* 树共有 7 个训练样本。设有一个新的测试点 S,搜索测试点 S 的最近邻样本点的过程如下:首先,在 *kd* 树中找到包括测试点 S 的叶节点 D,以点 D 为近似最近邻;之后,返回点 D 的父节点 B,在点 B 的另一个子节点 F 所在区域内搜索最近邻,发现此时点 F 所在区域与圆不相交,没有最近邻点；继续返回上一级父节点 A，在点 A 的另一个子节点 C 所在区域搜索最近邻，发现点 C 所在区域与圆相交，在相交区域内有一点 E，比点 D 距离点 S 更近，则点 E 为所求的点。

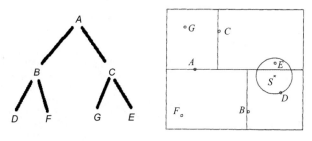

图 4.5　kd 树的搜索

4.3　案例实现

4.3.1　案例 1——基于 k-NN 算法的电影分类

本案例基于 k-NN 算法的工作原理，使用底层编码实现 k-NN 算法，以对电影构建分类模型，并完成对未知电影的分类。

1. 案例目标

（1）理解 k-NN 算法的工作原理。
（2）掌握使用编码实现 k-NN 算法的流程。

2. 案例环境

案例环境如表 4.2 所示。

表 4.2　案例环境

硬件	软件	资源
PC 或 AIX-EBoard 人工智能实验平台	Ubuntu 18.04/Windows 10 NumPy 1.21.6 Python 3.7.3	无

3. 案例步骤

本案例的代码名称为 MovieProject.py，目录结构如图 4.6 所示。本案例主要包含以下步骤。

▼ 📁 chapter-4
　📄 iris.txt
　📄 IrisProject.py
　📄 MovieProject.py

图 4.6　目录结构

步骤一：导入模块。

```
#导入相关包
import numpy as np
```

步骤二：准备训练数据及待分类数据。

```
#设置电影分类标签，0 表示爱情片，1 表示动作片
movie = ['爱情片', '动作片']
#输入数据集，x1 为打斗镜头数量，x2 为接吻镜头数量，y 为分类标签
data = np.array([
                 [3, 104, 0],
                 [2, 100, 0],
                 [1, 81, 0],
                 [101, 10, 1],
                 [99, 5, 1],
                 [98, 2, 1]
                ])
#给出一个新的样本，以预测分类的结果
x = [18, 90]
```

ML-04-v-004

步骤三：实现 k-NN 算法。

```
#用最近 k 个点做预测
k = 5
#记录所有样本点到预测点的距离
dis = []

# x 是预测样本，i 是 data 中的一个样本
for i in data:
    # 计算欧几里得距离
    d = np.sqrt((x[0]-i[0])**2 + (x[1]-i[1])**2)
    #添加距离和标签(相对预测样本)
    dis.append([d, i[2]])
# 输出预测点到所有样本点的距离及标签
print("输出预测点到所有样本点的距离及标签：")
print(dis)

#对距离进行排序
dis.sort()
print("预测点到所有样本点的距离排序后的结果：")
```

```
print(dis)

#按照投票策略进行判断
#创建一个字典，用于类别数量的统计及最后投票策略的处理
count = {}
#遍历距离测试点最近的 k 个样本点
for i in dis[0: k]:
    #如果当前没有这种类别，将其设置为 1
    if count.get(i[1])==None:
        count[i[1]] = 1
    #如果包含当前类别，就在当前类别上+1
    else:
        count[i[1]] += 1
```

步骤四：输入分类结果。

```
#输出标签中值最大的标签号
max_key = max(count, key=count.get)
print("未知电影的分类数据：")
print(count)
print("未知电影的分类：")
print(movie[max_key])
```

步骤五：运行代码。

运行代码，结果如下：

输出预测点到所有样本点的距离及标签：

[[20.518284528683193, 0], [18.867962264113206, 0], [19.235384061671343, 0], [115.27792503337315, 1], [117.41379816699569, 1], [118.92854997854805, 1]]

预测点到所有样本点的距离排序后的结果：

[[18.867962264113206, 0], [19.235384061671343, 0], [20.518284528683193, 0], [115.27792503337315, 1], [117.41379816699569, 1], [118.92854997854805, 1]]

未知电影的分类数据：
{0: 3, 1: 2}

未知电影的分类：
爱情片

4. 案例小结

本案例基于 k-NN 算法的工作原理从底层的角度实现了 k-NN 算法，在训练过程中可以借鉴以下经验。

（1）对 k 值，可以根据需要进行调整，一般调整为奇数。

（2）在使用 k-NN 算法进行分类的过程中，对于未知类型的数据，可以归为某一个确定的类。

4.3.2   案例2——基于 k-NN 算法的鸢尾花数据集分类

本案例使用 k-NN 算法对鸢尾花数据集构建分类模型，并进行预测、分析。

1. 案例目标

（1）掌握构建 k-NN 模型的方法。

（2）掌握使用 k-NN 模型进行分类的步骤与思路。

（3）进一步理解模型相关性能指标。

ML-04-v-005

2. 案例环境

案例环境如表 4.3 所示。

表 4.3   案例环境

硬件	软件	资源
PC 或 AIX-EBoard 人工智能实验平台	Ubuntu 18.04/Windows 10 pandas 1.3.5 NumPy 1.21.6 sklearn 0.20.3 Python 3.7.3	iris.txt

3. 案例步骤

本案例的代码名称为 IrisProject.py，目录结构如图 4.6 所示。本案例主要包含以下步骤。

步骤一：导入模块。

```
#导入相关包
import numpy as np
import pandas as pd
from sklearn.preprocessing import LabelEncoder
from sklearn.preprocessing import StandardScaler
```

```
from sklearn.model_selection import train_test_split
from sklearn.neighbors import KNeighborsClassifier
from sklearn.metrics import classification_report, \
    accuracy_score, confusion_matrix
```

步骤二：数据加载与处理。

```
#数据加载
path = "iris.txt"
names = ['sepal length', 'sepal width', 'petal length', 'petal width', 'cla']
df = pd.read_csv(path, header=None, names=names)
#将异常数据删除
df = df.replace('?', np.nan).dropna(how='any')
#将标签数值化
le = LabelEncoder()
df1 = le.fit_transform(df["cla"])
df1 = pd.DataFrame(df1,columns=["cla2"])

#数据合并
del df["cla"]
df = pd.concat([df, df1], axis=1)

#获取特征和标签
X = df.iloc[:,:-1]
Y = df.iloc[:,-1]

#对特征进行标准化
ss = StandardScaler()
X = ss.fit_transform(X)
X = pd.DataFrame(X)

#切分数据集
X_train, X_test, Y_train, Y_test = train_test_split(X, Y, test_size=0.2,
random_state=1)
```

步骤三：构建 *k*-NN 模型，并进行训练预测。

```
#构建k-NN模型，并进行训练预测
knn = KNeighborsClassifier(n_neighbors=3)
knn.fit(X_train, Y_train)
```

```
#打印准确率
print("准确率：", knn.score(X_test, Y_test))
```

步骤四：模型性能评估。

```
#模型性能评估
print('\n混淆矩阵：')
print(confusion_matrix(Y_test, knn.predict(X_test)))
print("\n分类的各个数据：")
print(classification_report(Y_test, knn.predict(X_test)))
print("\n分类的准确率：")
print(accuracy_score(Y_test, knn.predict(X_test)))
```

步骤五：运行代码。

运行代码，结果如下：

准确率： 1.0

混淆矩阵：
[[11 0 0]
 [0 13 0]
 [0 0 6]]

分类的各个数据：

	precision	recall	f1-score	support
0	1.00	1.00	1.00	11
1	1.00	1.00	1.00	13
2	1.00	1.00	1.00	6
accuracy			1.00	30
macro avg	1.00	1.00	1.00	30
weighted avg	1.00	1.00	1.00	30

分类的准确率：
1.0

4. 案例小结

本案例使用 k-NN 算法完成了对鸢尾花数据集的建模，训练之后进行了预测，在训练过程中可以借鉴以下经验。

（1）注意删除异常数据。

（2）根据需要对特征数据进行标签化、标准化等处理。

（3）可调整模型参数，以提高模型识别的准确率。

本章总结

- *k*-NN 属于有监督的机器学习算法，可以用于分类，也可以用于回归预测。该算法的三个基本要素包括距离度量、*k* 的取值和决策规则。
- *k*-NN 算法计算量大，算法运行时间长，运行效率低，为了解决这个问题可以使用 *kd* 树存储训练数据，以减少计算距离时的计算量，加快算法的运行速度。

作业与练习

1．[单选题] *k*-NN 算法中的 *k*（　　　）。

　　A．代表最终的类别数量

　　B．一般取较大的数

　　C．代表距离未知样本最近的邻居数量

　　D．代表距离未知样本最近的 *k* 个概率

2．[单选题]在 *k*-NN 算法默认的距离计算方式中，*p* 的值为（　　　）。

　　A．1　　　　　　　B．2　　　　　　　C．3　　　　　　　D．4

3．[单选题] *k*-NN 决策原则为（　　　）。

　　A．投票策略　　　B．距离策略　　　C．概率策略　　　　D．数量策略

4．[单选题]对 *k*-NN 算法中 *k* 的取值说法错误的是（　　　）。

　　A．*k* 值的选择会对 *k*-NN 模型的结果产生重大影响

　　B．选择较大的 *k* 值会导致预测效果变差

　　C．当选择较小的 *k* 值时，模型变得敏感，受噪声点影响较小

　　D．在实际应用中，*k* 一般取比较小的数值

5．[单选题]*kd* 树主要用于 *k*-NN 算法的（　　　）。

　　A．准确率的提高　　　　　　　B．特征数据的存储

　　C．特征数据的搜索　　　　　　D．特征数据的分类

ML-04-c-001

第 5 章

基于决策树算法的回归预测与分类

本章目标

- 了解决策树算法的应用场景。
- 理解决策树算法的工作原理。
- 理解决策树剪枝的意义与方式。
- 掌握使用决策树算法进行分类的过程。
- 掌握决策树可视化的方法。

决策树算法在有监督的机器学习算法中是十分常见的，可用于分类，也可用于回归预测。本章介绍决策树算法，包括决策树算法的应用场景、决策树算法的工作原理、决策树的剪枝，以及决策树的可视化等内容。

本章包含的两个案例如下：

- 基于决策树算法的商品销售量回归预测。

使用决策树算法基于广告投放量构建模型，并完成对商品销售量的回归预测。

- 基于决策树算法的鸢尾花数据集分类。

基于鸢尾花数据集构建决策树模型，并对鸢尾花数据集进行分类。

5.1 决策树的介绍

ML-05-v-001

决策树的起源很早，在机器学习出现之前已经存在决策树相关算法，主要是模仿人类做决策的过程，既可以用于分类，又可以用于回归预测，在医药、商业等领域有着广泛的应用。决策树是一种树形结构，其中每个内部节点代表一个属性的测试，每个分支代表一个测试输出，每个叶节点代表一个类别或回归预测的数值。

例如，凯特想在某征婚网站上寻找另一半，但是她发现，要想在海量的信息中筛选出值得见面的人相当烦琐。因此，凯特计划建立一个机器学习模型，利用模型从众多候选者当中筛选出有意愿见面的对象。

为了构建模型，凯特从网站中随机挑选 100 个人，主要观察 4 个特征，并依据特征做好见面或者不见面的标记，之后训练一个决策树模型，通过模型对征婚候选者进行筛选。100 个候选者的分类信息如表 5.1 所示。

表 5.1　100 个候选者的分类信息

序号	收入/万元	年龄/岁	是否为公务员	长相	是否见面
1	2.2	25	否	帅气	是
2	0.7	23	是	中等	否
3	2.5	31	否	中等	否
……	……	……	……	……	……
100	1.5	27	是	中等	是

凯特的筛选过程可以借用树的概念进行分析，本质上为 if-else 判断。首先判断年龄是否大于 30 岁，大于 30 岁，则不见；小于或等于 30 岁，不能立即得出结论。进一步考察长相如何，长相达不到中等水平，则不见；长相中等或者帅气，依然不能立即得出结论。再进一步考察收入水平，收入水平高，则见；收入水平低，则不见。收入水平中等，还要考察是否为公务员，是，则见；不是，则不见。凯特依据对年龄、长相、收入、职业等四个属性特征的观察，并依据所设置的条件，做出见或不见的决策，这就是决策树用于分类的基本过程，如图 5.1 所示。

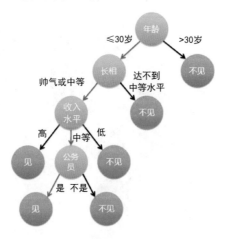

图 5.1　决策树分类过程

　　决策树也可以用于回归预测。例如，凯特还是想从征婚网站上寻找另一半，但这次她不想利用模型做出决策，而是想利用模型给众多的候选者打分，从而依据分数的高低，做出决策。

　　凯特从网站中随机挑选 100 个人，依然观察 4 个特征，并给出标记，但这次的标记为候选者在凯特内心的分值。之后，凯特训练一个决策树模型，通过模型对征婚候选者进行筛选。100个候选者的分值信息如表 5.2 所示。

表 5.2　100 个候选者的分值信息

序号	收入/万元	年龄/岁	是否为公务员	长相	打分
1	2.2	25	否	帅气	97
2	0.7	23	是	中等	43
3	2.5	31	否	中等	30
……	……	……	……	……	……
100	1.5	27	是	中等	73

　　首先判断年龄是否大于 30 岁，如果大于 30 岁，就给出评分为 33 分；如果小于或等于 30岁，就要进一步考察长相。对长相达不到中等水平的，评分为 35 分；对帅气或者中等的，再进一步考察收入水平。对收入水平高的，评分为 98 分；对收入水平低的，评分为 47 分。收入水平中等的，则要进一步考察职业。对职业为公务员的评分为 70 分，否则为 59 分。最终，决策树模型依据四个特征对候选者给出了评分，凯特可根据分值的高低做出决策，此为决策树用于回归的基本过程。决策树回归过程如图 5.2 所示。

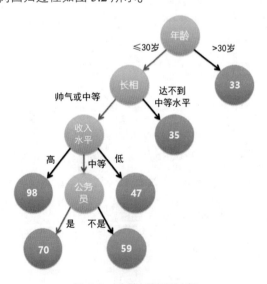

图 5.2　决策树回归过程

5.2　决策树的构建

由 5.1 节的内容可知，决策树由节点和有向边组成，其中，节点分为内部节点和叶节点。树中的内部节点代表一个特征或一个属性，通过特征或属性对树进行分叉，节点引出的分支表示该属性的所有可能的值，叶节点表示最终的分类结果或回归预测值。一般而言，每棵决策树都有一个根节点及多个内部节点、叶节点，从根节点到叶节点的每条路径代表一条决策规则或一条回归规则，每条规则都有"互斥且完备"的性质，即每个样本有且只有一条规则与之相对应。

要构建一棵良好的决策树，大概分为三步，分别为特征选择、依据所选择的特征构建决策树、对决策树进行剪枝。

5.2.1　特征选择

ML-05-v-002

由凯特的例子可以看出，在众多候选对象的四个特征属性当中，凯特最看重的是年龄，因此她首先使用年龄划分。数据集往往包含大量的样本，这些样本也会包含多个特征属性，在构建决策树的过程中，具体选择哪个特征属性作为划分的依据，需要一些量化指标来衡量，最理想的划分结果：所选择的特征属性使每个叶节点所包括的样本均属于同一个类别，即使不属于同一个类别，也要尽可能属于同一个类别，这就是"纯度"，即划分的结果要使叶节点尽可能"纯"。

选择划分属性的特征指标有信息增益、信息增益率、基尼系数，如果用于回归，指标还有最大方差。

信息增益与信息熵有关。设数据集 D 中有 C 个类别，每个类别的占比为 f_i，则数据集 D 的信息熵的计算公式如式（5.1）所示。数据集的信息熵越小，说明数据集中的数据分布越规则，数据越纯，属于同一类别的概率就越大。

$$H(D) = \sum_{i=1}^{C}(-f_i \log_2 f_i) = -\sum_{i=1}^{C} f_i \log_2 f_i \tag{5.1}$$

利用式（5.1）可计算出数据集 D 的信息增益，如式（5.2）所示。

$$\mathrm{Gain}(D, \mathrm{pro}) = H(D) - \sum_{i=1}^{N} \frac{|D_i|}{|D|} H(D_i) \tag{5.2}$$

式中，$\mathrm{Gain}(\cdot)$ 为信息增益；pro 为数据集 D 的某一个属性，可能取值为 $P = \{p_1, p_2, \cdots, p_N\}$，在使用属性 pro 进行划分时，可将数据集 D 划分为 N 个分支，D_i 为第 i 个分支（属性 pro 的值为

p_i）的样本数量；$\dfrac{|D_i|}{|D|}$ 为权重，D_i 越大，则权重越大，说明分支节点的分量越大。

由式（5.2）计算出来的信息增益越大，使用属性 pro 进行样本的划分所获得的纯度越高，即划分之后数据集的分类越趋于清晰。因此，可以使用信息增益来选择用于决策树划分的属性，对应公式为

$$\text{pro}_* = \underset{\text{pro}\in P}{\arg\max}\,\text{Gain}(D,\text{pro}) \tag{5.3}$$

ID3 算法的属性选择准则是基于信息增益来使用的。但是基于信息增益来构建的决策树会更偏向于取值范围大的属性，为了减弱此种情况所带来的影响，可以进一步使用信息增益率来选择划分的属性，如式（5.4）所示。

$$\text{Gain\_ratio}(D,\text{pro}) = \frac{\text{Gain}(D,\text{pro})}{\text{IV}(\text{pro})} \tag{5.4}$$

式（5.4）中 $\text{IV}(\text{pro})$ 的计算公式如式（5.5）所示，$\text{IV}(\text{pro})$ 体现的是属性 pro 的"本质取值"，属性 pro 的可能取值越大，$\text{IV}(\text{pro})$ 的值通常就越大。

$$\text{IV}(\text{pro}) = -\sum_{i=1}^{N}\frac{|D_i|}{|D|}\log_2\left(\frac{|D_i|}{|D|}\right) \tag{5.5}$$

C4.5 算法的属性选择准则是基于信息增益率来使用的，只不过是先计算出信息增益率的均值，将信息增益率中取值高于信息增益率均值的属性挑选出来，再将其中信息增益率最高的属性作为划分的依据。基于信息增益率选择划分属性的决策树更偏向于可能取值数量少的属性。

除了以上两种选择划分属性的准则，还可以使用基尼系数。对于数据集 D，其基尼系数的计算公式如式（5.6）所示。

$$\text{Gini}(D) = 1 - \sum_{i=1}^{C}f_i^2 \tag{5.6}$$

基尼系数反映的是从数据集 D 中选择的样本属于不同类别的概率，从这个角度分析，基尼系数越小，说明数据集 D 中的样本属于同一个类别的概率越大，数据集纯度越高。分类与回归树（CART）算法的属性选择准则是基于基尼系数来使用的。

对于属性 pro，也可以计算基尼系数，如式（5.7）所示。

$$\text{Gini\_index}(D,\text{pro}) = \sum_{i=1}^{N}\frac{|D_i|}{|D|}\text{Gini}(D_i) \tag{5.7}$$

在决策树的构建过程中，可以依据式（5.7）来选择划分的属性，即使式（5.7）的计算结果最小的 pro 为最优属性，其计算公式如式（5.8）所示。

$$\text{pro}_* = \underset{\text{pro}\in P}{\arg\min}\,\text{Gini\_index}(D,\text{pro}) \tag{5.8}$$

当用于回归时，属性选择准则基于数据集的方差，其计算公式如式（5.9）所示。

$$\sigma(D) = \frac{1}{n}\sum_{i=1}^{n}(y_i - \mu)^2 \qquad (5.9)$$

式中，n 为数据集 D 中的样本数量；y_i 为样本标签值；μ 为样本标签值的均值，其计算公式如式（5.10）所示。

$$\mu = \frac{1}{n}\sum_{i=1}^{n}y_i \qquad (5.10)$$

用属性 pro 划分数据集之后，由式（5.9）所计算出来的方差越小，说明划分后的样本子集中样本的分布越集中，预测的准确率越高。

5.2.2 决策树的构建过程

ML-05-v-003

设有电影数据集 D（见表 5.3），其中，属性有类型、产地、票房，标签为观看与否，观看为 1，未观看为 0。使用 ID3 算法构建决策树，并对未观看电影的人的观看倾向进行预测。

表 5.3　电影数据集 D

编号	片名	类型	产地	票房	观看与否
1	A	动漫	日本	低	1
2	B	科幻	美国	低	1
3	C	动漫	美国	低	1
4	D	动作	美国	高	1
5	E	动作	中国	高	1
6	F	动漫	中国	低	1
7	G	科幻	法国	低	0
8	H	动作	中国	低	0

由表 5.3 可知，根节点包含的样本个数为 8，分为观看与未观看两个类别（$C = 2$），而且观看的样本个数为 6，未观看的样本个数为 2，即正例所占的比例 $f_1 = \frac{6}{8}$，反例所占的比例 $f_2 = \frac{2}{8}$，从而可以算出根节点的熵，如式（5.11）所示。

$$H(D) = \sum_{i=1}^{C}(-f_i\log_2 f_i) = -\sum_{i=1}^{C}f_i\log_2 f_i = -\left(\frac{6}{8}\log_2\frac{6}{8} + \frac{2}{8}\log_2\frac{2}{8}\right) \approx 0.811 \qquad (5.11)$$

要选择出最优的划分属性，需要计算各个属性的熵及对应的信息增益，以类型为例，以下为计算过程。

当以类型作为划分属性时，可将电影数据集 D 分为三个子集，每个子集为一种类型：$D_1 = \{1,3,6\}$，$D_2 = \{2,7\}$，$D_3 = \{4,5,8\}$。其中，D_1 的正例占比 $f_1 = \dfrac{3}{3}$，反例占比 $f_2 = \dfrac{0}{3}$；D_2 的正例占比 $f_1 = \dfrac{1}{2}$，反例占比 $f_2 = \dfrac{1}{2}$；D_3 的正例占比 $f_1 = \dfrac{2}{3}$，反例占比 $f_2 = \dfrac{1}{3}$。由此可得到 D_1、D_2、D_3 的熵分别为

$$H(D_1) = -\left(\frac{3}{3}\log_2\frac{3}{3} + \frac{0}{3}\log_2\frac{0}{3}\right) = 0$$

$$H(D_2) = -\left(\frac{1}{2}\log_2\frac{1}{2} + \frac{1}{2}\log_2\frac{1}{2}\right) = 1$$

$$H(D_3) = -\left(\frac{2}{3}\log_2\frac{2}{3} + \frac{1}{3}\log_2\frac{1}{3}\right) \approx 0.918$$

同时，可计算出使用类型属性划分数据集后的信息增益为

$$\text{Gain}(D,\text{类型}) = H(D) - \sum_{i=1}^{3}\frac{|D^i|}{|D|}H(D^i) \approx 0.811 - \left(\frac{3}{8}\times 0 + \frac{2}{8}\times 1 + \frac{3}{8}\times 0.918\right) \approx 0.217$$

同理，当以产地、票房作为划分依据时，可得到相应的信息增益为

$$\text{Gain}(D,\text{产地}) \approx 0.467$$

$$\text{Gain}(D,\text{票房}) \approx 0.122$$

由以上计算结果可以看出，当以产地作为划分数据集的依据时，信息增益最大，从而可得出第一次划分结果，如图 5.3 所示。

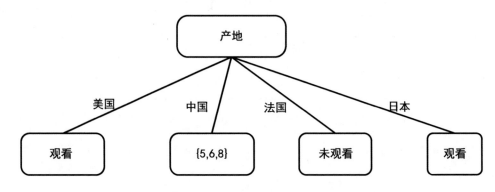

图 5.3   依据产地划分数据集

之后针对未划分完毕的子集参考第一次划分的思路，即可完成决策树的构建，过程如图 5.4 所示。

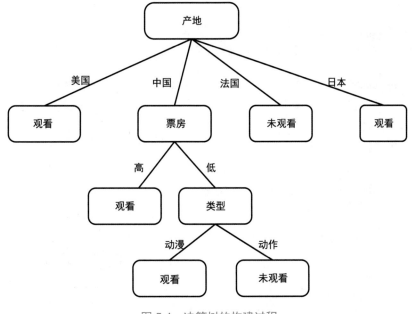

图 5.4　决策树的构建过程

5.2.3　决策树剪枝

在使用机器学习模型解决分类或者拟合问题的过程中，均会伴随一定的过拟合风险，即模型在训练集上表现得很优秀，但是泛化能力不足，因此对机器学习模型应有相应的防止过拟合的策略。决策树生成算法会递归地构建决策树的分支，直到节点纯度很高为止，所产生的决策树往往会发生过拟合，此时可以通过剪枝来防止过拟合，即主动去掉一些分支来降低过拟合的风险，增强模型泛化能力。决策树的剪枝可分为预剪枝与后剪枝。

预剪枝是在决策树生成过程中，考察本次划分是否会增强泛化能力，若不能增强泛化能力，则不进行划分。预剪枝的优点是节省计算资源、速度快，但是可能会发生欠拟合，错过最优剪枝方案。预剪枝的方法有以下三种。

（1）当树结构达到指定深度时，停止树的生长。

（2）当当前节点的样本数量比指定阈值小时，停止树的生长。

（3）计算决策树的每次划分对测试集上的准确率的提升程度，如果提升程度小于指定阈值，就停止树的生长。

后剪枝是先训练一棵完整的树，然后自底向上地逐个分支进行考察，若删除该分支能增强泛化能力，则将该分支删除。后剪枝的优点是欠拟合风险小，缺点是消耗计算资源比较多、速度慢，因此应用比较少。

5.2.4　连续特征的处理方法

在构建决策树的过程中，有时会出现数据集特征连续取值的情况，此时需要事先将特征按照大小排序，之后尝试进行多次划分，以寻找到度量指标达到最优时的划分方式，再将此时的分割点作为分叉条件即可。

例如，连续特征 F1 有 10 种取值，将 F1 排序之后的数值为 1、2、3、4、5、6、7、8、9、10，依据 F1 进行划分，以寻找最优划分方式，如图 5.5 所示，即先在 1 与 2 之间划分，再在 2 与 3 之间划分，如此反复尝试，最后找出最优划分方式。

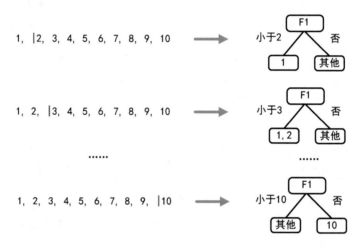

图 5.5　连续特征的划分方式

5.3　决策树可视化

ML-05-v-004

决策树可视化可以对生成的树结构进行展示，十分方便观察所构建的决策树模型。要实现决策树的可视化需要安装 Graphviz 服务。

首先，要在 CMD 工具或者 Pycharm 的 Terminal 界面中安装两个 Python 插件，命令如下：

```
pip install graphviz
pip install pydotplus
```

然后，到官网下载 Graphviz 安装包。本书案例采用的是 Graphviz 的 2.50 版本，下载完成之后，双击安装即可。值得注意的是，在安装过程中建议选中“Add Graphviz to the system PATH for all users" 或者 "Add Graphviz to the system PATH for current users" 单选按钮，安装完成后，安装路径下的 bin 目录会自动添加到系统的 PATH 环境变量中（建议重启系统），如图 5.6 所示。

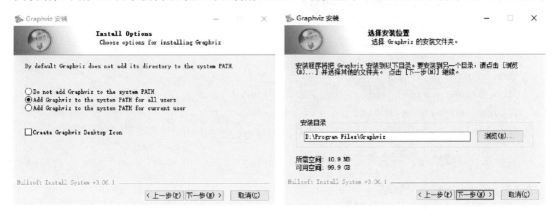

图 5.6　Graphviz 安装注意事项

5.4　案例实现

5.4.1　案例 1——基于决策树算法的商品销售量回归预测

本案例使用决策树算法来对广告投放量与商品销售量进行回归预测，使用的数据集为第 1 章的 Advertising.csv。

ML-05-v-005

1. 案例目标

（1）进一步了解决策树算法的回归应用。

（2）掌握使用决策树算法进行回归预测的编程技巧。

2. 案例环境

案例环境如表 5.4 所示。

表 5.4　案例环境

硬件	软件	资源
PC 或 AIX-EBoard 人工智能实验平台	Ubuntu 18.04/Windows 10 pandas 1.3.5 sklearn 0.20.3 Python 3.7.3	Advertising.csv

3. 案例步骤

本案例的代码名称为 **AvertisingProject.py**，目录结构如图 5.7 所示。本案例主要包含以下步骤。

步骤一：导入模块。

图 5.7　目录结构

```python
import pandas as pd
from sklearn.model_selection import train_test_split
from sklearn.tree import DecisionTreeRegressor
from sklearn.metrics import mean_squared_error
```

步骤二：读取数据，并进行相关处理。

```python
#读取数据，并提取特征列与标签列
df = pd.read_csv('Advertising.csv')
X = df[['TV', 'Radio', 'Newspaper']]
Y = df['Sales']

#将数据集分割为训练集与测试集
X_train, X_test, Y_train, Y_test = train_test_split(X, Y, test_size=0.3)
```

步骤三：构建决策树模型，并进行训练。

```python
model = DecisionTreeRegressor()
model.fit(X_train, Y_train)
```

步骤四：对模型进行性能评估

```python
#打印模型得分
score = model.score(X_test, Y_test)
print("\n 模型的预测得分：{}".format(score))

#打印模型的均方误差
mse = mean_squared_error(Y_test.values, model.predict(X_test))
print("\n 模型的均方误差：{}".format(mse))
```

步骤五：运行代码。

运行代码，结果如下：

```
模型的预测得分：0.9649327945697046

模型的均方误差：1.0156666666666667
```

4. 案例小结

本案例通过使用决策树算法来对广告投放量与商品销售量进行回归预测，在训练过程中要注意以下两点。

（1）决策树算法的回归预测采用的特征选择依据为方差。

（2）对于决策算法的回归预测，往往先用均方误差对性能进行评判。

5.4.2　案例 2——基于决策树算法的鸢尾花数据集分类

本案例使用决策树算法的分类功能来对鸢尾花数据集进行分类。

ML-05-v-006

1. 案例目标

（1）掌握使用决策树算法进行分类的编程思路。

（2）加深对决策树算法的分类功能的理解。

2. 案例环境

案例环境如表 5.5 所示。

表 5.5　案例环境

硬件	软件	资源
PC 或 AIX-EBoard 人工智能实验平台	Ubuntu 18.04/Windows 10 pydotplus 2.0.2 Graphviz 0.20（插件） Graphviz 2.50（安装包） sklearn 0.20.3 IPython 7.32.0 matplotlib 3.5.1 Python 3.7.3	无

3. 案例步骤

本案例的代码名称为 IrisProjcet.py，目录结构如图 5.7 所示。本案例主要包含以下步骤。

步骤一：导入模块，并设置中文显示。

```
#导入相关包
from sklearn.tree import DecisionTreeClassifier
from sklearn.datasets import load_iris
from IPython.display import Image
```

```
from sklearn import tree
from sklearn.model_selection import GridSearchCV
import matplotlib.pyplot as plt
from sklearn.model_selection import train_test_split
import pydotplus

#设置中文显示
plt.rcParams['font.sans-serif'] = ['SimHei']
plt.rcParams['axes.unicode_minus'] = False
```

步骤二：加载鸢尾花数据集，提取特征列与标签列，画图显示，切分数据集。

```
iris = load_iris()
X = iris.data
Y = iris.target

for ind in range(len(Y)):
    if Y[ind] == 0:
        p1 = plt.scatter(X[ind, 2], X[ind, 3], c='r', marker='×', s=50)
    elif Y[ind] == 1:
        p2 = plt.scatter(X[ind, 2], X[ind, 3], c='b', marker='+', s=50)
    elif Y[ind] == 2:
        p3 = plt.scatter(X[ind, 2], X[ind, 3], c='g', marker='★', s=50)
plt.title("鸢尾花数据集")
plt.xlabel("花瓣长度")
plt.ylabel("花瓣宽度")
l = ['山鸢尾花', '维吉尼亚鸢尾花', '变色鸢尾花']
plt.legend([p1, p2, p3], l)
plt.show()

x_train, x_test, y_train, y_test = train_test_split(X, Y, test_size=0.2)
```

步骤三：构建决策树模型，使用交叉验证方法搜索最佳深度。

```
#构建决策树模型，使用交叉验证方法搜索最佳深度
model = DecisionTreeClassifier()
param_grid = {'max_depth': [3, 4, 5, 6]}
dt = GridSearchCV(model, param_grid=param_grid, cv=3)
dt.fit(x_train, y_train)
print(dt.best_params_)
```

#使用最佳深度构建决策树模型，并进行训练

```
max_depth = dt.best_params_["max_depth"]
model = DecisionTreeClassifier(max_depth=max_depth)
model.fit(x_train, y_train)
print(model.score(x_test, y_test))
```

步骤四：进行决策树可视化。

#进行决策树可视化，并将可视化效果保存为"dt.png"

```
dot_data = tree.export_graphviz(model, out_file=None,
                    filled=True, rounded=True,
                    special_characters=True)
graph = pydotplus.graph_from_dot_data(dot_data)
img = Image(graph.create_png())
graph.write_png('dt.png')
```

步骤五：运行代码。

运行代码，数据集如图 5.8 所示，决策树可视化效果如图 5.9 所示。

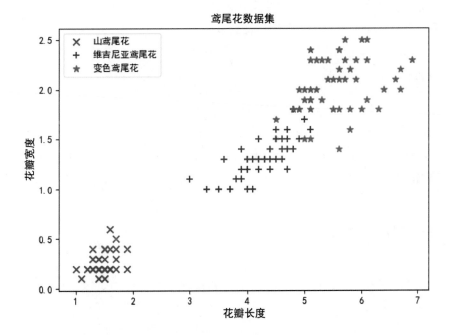

图 5.8　数据集

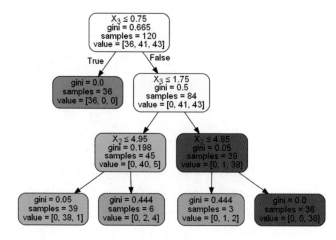

图 5.9　决策树可视化效果

4. 案例小结

本案例使用决策树算法对鸢尾花数据集进行分类，在训练过程中要注意以下几点。

（1）可以从网络上加载鸢尾花数据集，也可以加载本地数据集。

（2）在进行决策树可视化之前，要安装相应的插件与服务。

（3）要保存所生成的图片，并记录保存路径。

本章总结

- 决策树是一种模仿人类做决策过程的树形结构，既可以用于分类，也可以用于回归预测。
- 决策树构建的主要过程包括特征选择、依据特征构建决策树、对决策树进行剪枝。
- 使用 Graphviz 服务可以实现决策树可视化，方便观察所构建的决策树模型。

作业与练习

1．[多选题]决策树的构建包括（　　　）三个步骤。

　　A．特征选择　　　　　　　　　　　　B．构建决策树

　　C．计算误差　　　　　　　　　　　　D．对决策树进行剪枝

2．[单选题]ID3 算法是基于（　　　）实现的。

　　A．熵　　　　　　B．误差　　　　　　C．信息增益率　　　　D．信息增益

3. [单选题]以下说法正确的是（　　　）。

    A．数据集的信息熵越小，数据分布越趋于规则，样本越纯，属于同一类型的概率就越大

    B．数据集的信息熵越大，数据分布越趋于规则，样本越纯，属于同一类型的概率就越大

    C．数据集的信息熵越小，数据分布越趋于规则，样本越纯，属于同一类型的概率就越小

    D．数据集的信息熵越小，数据分布越趋于规则，样本越乱，属于同一类型的概率就越大

4. [单选题]以下说法正确的是（　　　）。

    A．ID3 算法的属性选择准则是基于信息增益率来使用的

    B．C4.5 算法是基于信息增益率构建决策树的

    C．CART 算法的属性选择准则是基于熵指数来使用的

    D．决策树用于回归分析时是基于平均方差实现的

5. [多选题]对决策树进行剪枝（　　　）。

    A．可以防止过拟合问题

    B．可以解决欠拟合问题

    C．分为预剪枝与后剪枝

    D．预剪枝比后剪枝的性能好

ML-05-c-001

第 *6* 章

基于 *k*-Means 算法的聚类

本章目标

- 了解 *k*-Means 算法的应用场景。
- 理解 *k*-Means 算法的工作原理。
- 了解 *k*-Means 算法的性能评估方法。
- 掌握 *k*-Means 算法的编程技巧。

k-Means 算法属于无监督的算法，算法简单，聚类效果好。本章介绍 *k*-Means 算法的应用场景、工作原理、性能评估方法等内容。

本章包含的两个案例如下：

- 基于手肘法使用 *k*-Means 算法的饮料聚类。

使用 *k*-Means 算法对三种没有标签的饮料进行聚类，并使用手肘法确定最佳 *k* 值，聚类完成后给出最佳聚类方案、误差平方和（SSE）与聚类个数（*k*）的关系图。

- 基于轮廓系数法使用 *k*-Means 算法的饮料聚类。

使用 *k*-Means 算法对三种没有标签的饮料进行聚类，并使用轮廓系数法确定最佳 *k* 值，聚类完成后给出最佳聚类方案、轮廓系数（s_i）与聚类个数（*k*）的关系图。

6.1　*k*-Means 算法

6.1.1　*k*-Means 算法概述

聚类就是将相似的实例归到同一个集群或簇当中，可用于数据分析、用户细分、推荐系统、图像分割等领域。而在众多的聚类算法当中，比较常用的是 *k*-Means 算法。

k-Means 算法用于数据集内类别属性不明晰，希望通过数据挖掘或自动归类找出对象具有相似特点的场景，可应用在很多领域，如市场划分、机器视觉、地质统计学、天文学和农业等，即使在数据量很大的数据集上部署实施，也十分便捷。

6.1.2　*k*-Means 算法的工作原理

ML-06-v-001

k-Means 算法的聚类过程十分简单，对于给定的数据集，按照样本之间的距离大小，将数据集划分为 *k* 个簇，使簇内的点尽可能紧密地聚在一起，同时使簇间的距离尽可能大，如图 6.1 所示。

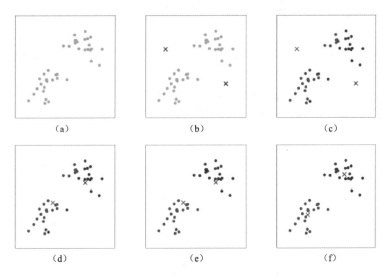

（a）　　　　　　　（b）　　　　　　　（c）

（d）　　　　　　　（e）　　　　　　　（f）

图 6.1　*k*-Means 算法的聚类过程

图 6.1（a）中的绿色点为没有进行聚类的样本点。

使用 *k*-Means 算法将两个类别分开可以简单总结为以下几步。

（1）随机选取两个聚类中心，此中心称为质心[见图 6.1（b）中的红色和蓝色叉号]，计算所有样本到质心的距离。

（2）样本距离哪个质心更近，则划分到哪一个聚类，如图 6.1（c）所示。

（3）根据步骤（2）所得到的聚类样本，更新质心的位置，此时每个质心向量为其对应聚类样本的坐标的平均值。

（4）循环执行步骤（2）和（3），直到质心的位置不再变化或到达最大迭代次数为止，如图 6.1（d）～图 6.1（f）所示。

设将数据集划分为 $C=\{C_1,C_2,\cdots,C_k\}$，k-Means 算法的目标是最小化误差平方和（SSE），如式（6.1）所示。

$$SSE = \sum_{i=1}^{k} \sum_{x \in C_i} \|x - \mu_i\|_2^2 \qquad (6.1)$$

式中，C_i 为第 i 个簇；x 为 C_i 中的样本点；μ_i 为 C_i 中各点的质心向量，计算公式如式（6.2）所示。

$$\mu_i = \frac{1}{|C_i|} \sum_{x \in C_i} x \qquad (6.2)$$

式中，$|C_i|$ 为第 i 个簇的样本个数。

6.1.3　k-Means 算法的流程

对于数据集 $D=\{x_1,x_2,\cdots,x_N\}$，设可划分为 k 个聚类，最大的迭代次数为 T，最终得到聚类结果 $C=\{C_1,C_2,\cdots,C_k\}$，流程如下：

（1）从数据集 D 中随机选择 k 个样本作为初始的 k 个质心向量，如 $\{\mu_1,\mu_2,\cdots,\mu_k\}$，同时将每个簇初始化为空集。

（2）对于迭代次数 $t=1,2,\cdots,T$，有以下几种操作。

① 当 $i=1,2,\cdots,N$ 时，计算样本 x_i 和各个质心向量 μ_j（$j=1,2,\cdots,k$）之间的欧几里得距离，将 x_i 划分到距离最小的簇中。

② 对 C_j（$j=1,2,\cdots,k$）中所有的样本点重新计算质心，作为新的质心向量。

③ 若 k 个质心向量均没有发生变化或迭代次数超过了 T，则转到步骤（3），否则继续循环执行步骤（2）。

（3）得到聚类结果 $C=\{C_1,C_2,\cdots,C_k\}$，聚类结束。

6.2　最佳 k 值的确定方法

由以上分析可知，对 k-Means 算法而言，k 的取值是十分重要的，在使用 k-Means 算法进行聚类的过程中，需要事先指定 k 值，可以使用手肘法或者轮廓系数法来确定最佳 k 值。

6.2.1 手肘法

手肘法的计算依据是误差平方和（SSE），其计算公式如式（6.1）所示。SSE 代表的是所有样本聚类的误差，体现了聚类效果的好坏。手肘法的核心思想如下：当 k 增大时，样本划分将会趋于精细，每个簇的聚合程度将会提高，SSE 会逐渐变小；当 k 小于真实聚类个数时，由于 k 的增大会使每个簇的聚合程度大幅提升，因此 SSE 的下降幅度会很大；k 到达真实聚类个数以后，再增大 k 所得到的聚合程度会迅速变小，所以 SSE 的下降幅度会骤减；当 k 继续增大时，SSE 的变化将趋于平缓。由此可知，SSE 和 k 的关系犹如手肘的形状，而肘部对应的 k 值就是数据的真实聚类个数，如图 6.2 所示。由图可知，当 k=3 时，聚类效果比较理想。

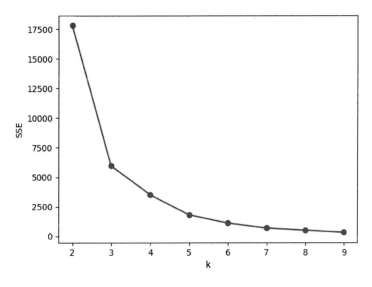

图 6.2 手肘法的效果

6.2.2 轮廓系数法

轮廓系数 s_i 的取值范围为[-1,1]，s_i 越接近 1，表示样本 x_i 的聚类越合理；s_i 接近-1，表示样本 x_i 应该分类到其他的簇中；s_i 接近 0，表示样本 x_i 位于边界上。所有样本的 s_i 的均值被称为聚类结果的轮廓系数。

要计算 s_i，需要事先计算簇内不相似度 a_i 及簇间不相似度 b_i。簇内不相似度 a_i 为样本 x_i 到同簇其他样本的平均距离，a_i 越小，表示样本 x_i 越应该被聚类到该簇。对于任意一个簇 C_j，所

有样本的 a_i 的均值被称为簇 C_j 的凝聚度。

簇间不相似度 b_i 计算的是样本 x_i 到其他簇 C_l（x_i 所在簇之外的簇）的所有样本的平均距离 b_{il} 的最小值，即 $b_i = \min(b_{i1}, b_{i2}, \cdots, b_{ik})$，$b_i$ 的值越大，样本 x_i 距离 C_l 就越远，越不应该将该样本划分到 C_l 当中。

有了 a_i 与 b_i，即可计算 s_i，如式（6.3）所示。

$$s_i = \frac{b_i - a_i}{\max(a_i, b_i)} \tag{6.3}$$

进一步可得到式（6.4）。

$$s_i = \begin{cases} 1 - \dfrac{a_i}{b_i} & (a_i < b_i) \\ 0 & (a_i = b_i) \\ \dfrac{b_i}{a_i} - 1 & (a_i > b_i) \end{cases} \tag{6.4}$$

轮廓系数法的效果如图 6.3 所示。由图可知，当 $k=3$ 时，聚类效果是最理想的。

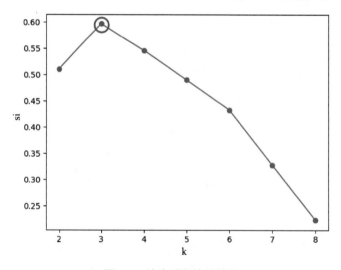

图 6.3　轮廓系数法的效果

6.3　k-Means 算法的改进

传统 k-Means 算法存在以下缺点。

（1）k 值需要事先指定，但是在实际应用中，对于给定的数据集，合理的 k 值非常难以确定。此时可以使用 6.2 节介绍的手肘法或者轮廓系数法来确定 *k* 值。

（2）需要随机地选定初始质心，不同的初始质心可能导致完全不同的聚类结果，有可能出现算法收敛很慢甚至聚类出错的情况。此时可以使用 *k*-Means 算法的改进版本 *k*-Means++ 算法。

6.3.1 *k*-Means++算法

k-Means++算法主要是对初始质心的选取进行了优化，思路如下：

（1）从输入的数据集中随机选择一个样本点作为第一个质心 μ_1。

（2）对于已选取的质心，计算数据集中其他点（未被选为质心的点）与质心的距离 D_i。

（3）选择一个新的样本点作为新的质心，D_i 较大的点被选取为质心的概率较大。

（4）重复步骤（2）和（3），直到选择出 *k* 个质心为止。

（5）使用所选取的 *k* 个质心作为初始质心，以运行传统的 *k*-Means 算法。

但是，*k*-Means++算法存在一个缺点，即质心的选取完全依赖上次的质心，故所选取的质心不一定准确，此时可使用 *k*-Means Ⅱ 算法。

6.3.2 *k*-Means Ⅱ 算法

k-Means Ⅱ 算法是对 *k*-Means++算法的改进，不需要根据 *k* 的取值严格地寻找 *k* 个点，初始质心更加健壮，其改进思路如下：

（1）从数据集中随机抽取 5*k* 个样本作为数据子集。

（2）在数据子集上运行 *k*-Means 算法，得到 *k* 个质心。

（3）将得到的 *k* 个质心作为整个数据集的初始质心。

（4）再次运行 *k*-Means 算法，以得到确切的 *k* 个质心，完成聚类运算。

6.3.3 Mini-Batch *k*-Means 算法

Mini Batch 即小批量，Mini-Batch *k*-Means 算法意为使用数据集中一部分样本作为数据运行传统的 *k*-Means 算法。该算法可以避免样本数量巨大时的计算难题，收敛速度大大加快。虽然聚类的精度会有所降低，但是，一般而言，降低的幅度还在可以接受的范围之内。

在 Mini Batch *k*-Means 算法中，可以选择一个合适的批样本大小，该批样本大小一般是通过无放回的随机采样得到的。同时，为了增加算法的准确性，可以多次运行 Mini Batch *k*-Means 算法，以得到多个簇，从中选择最优的簇作为最终的聚类结果。

6.4　案例实现

本案例使用 *k*-Means 算法对三种饮料进行聚类，并使用手肘法确定最佳 *k* 值。

1. 案例目标

（1）掌握使用 *k*-Means 算法对数据进行聚类的方法。

（2）掌握使用手肘法确定最佳 *k* 值的方法。

ML-06-v-004

2. 案例环境

案例环境如表 6.1 所示。

表 6.1　案例环境

硬件	软件	资源
PC 或 AIX-EBoard 人工智能实验平台	Ubuntu 18.04/Windows 10 pandas 1.3.5 sklearn 0.20.3 matplotlib 3.5.1 Python 3.7.3	drink.txt

3. 案例步骤

本案例的代码名称为 DrinkProject-1.py，目录结构如图 6.4 所示。本案例主要包含以下步骤。

▼ 📁 chapter-6
　📄 drink.txt
　📄 DrinkProject-1.py
　📄 DrinkProject-2.py

图 6.4　目录结构

步骤一：导入模块。

```
#导入相关包
import pandas as pd
import matplotlib.pyplot as plt
from sklearn.cluster import KMeans
```

步骤二：读取数据。

```
data = pd.read_csv('drink.txt')
print("数据的前 5 行：")
```

```
print(data.head())
```

步骤三：使用手肘法选取最佳 *k* 值。

```
#使用手肘法选取最佳 k 值
record = []  # 创建列表，以存储每次 SSE 的数值
#循环多次，查找最优参数
for k in range(2, 10):
    model = KMeans(k)                    #k 代表聚类个数
    model.fit(data)                      #拟合数据
    record.append(model.inertia_)        #将聚类的 SSE 数值添加到 record 中
```

步骤四：绘制 SSE 与 *k* 的关系图。

```
#绘制 SSE 与 k 的关系图
plt.plot(range(2, 10), record, marker='o', c='r')
plt.xlabel('k')
plt.ylabel('SSE')
plt.savefig('k-Means.jpg')
plt.show()
```

步骤五：使用最佳 *k* 值构建 *k*-Means 模型，并提取聚类的区别。

```
#使用 k=3 构建 k-Means 模型
k=3
model = KMeans(n_clusters=k)
model.fit(data)

#提取聚类的类别
data['cluster'] = model.labels_
centers = model.cluster_centers_
print("\n 聚类的类别:")
print(model.labels_)
print("\n 每个聚类的中心:")
print(centers)
```

步骤六：运行代码。

运行代码，结果如下。其中，图 6.5 所示为使用手肘法求解出的 SSE 与 *k* 的关系图。

数据的前 5 行:
```
  calorie  caffeine  sodium  price
```

```
0    207.2        3.3    15.5    2.8
1     36.8        5.9    12.9    3.3
2     72.2        7.3     8.2    2.4
3     36.7        0.4    10.5    4.0
4    121.7        4.1     9.2    3.5
```

聚类的类别：
[1 0 0 0 2 2 2 0 2 1 0 0 0 0 2 2]

每个聚类的中心：
[[38.525   4.55   9.825   2.65   ]
 [203.1   1.65   13.05   3.15   ]
 [113.2   2.85   8.85   3.03333333]]

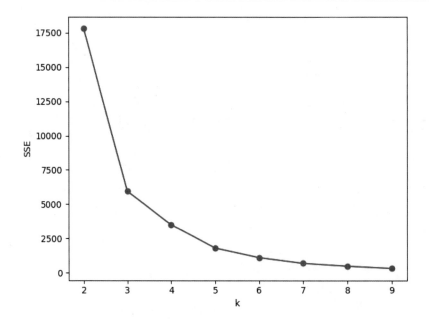

图 6.5　使用手肘法求解出的 SSE 与 k 的关系图

4. 案例小结

本案例使用 k-Means 算法对饮料进行聚类分析，在训练过程中，要注意以下几点。

（1）使用手肘法确定最佳 k 值。

（2）确定好最佳 k 值之后，使用该 k 值构建模型，并对数据进行聚类。

6.4.2 案例 2——基于轮廓系数法使用 *k*-Means 算法的饮料聚类

本案例使用 *k*-Means 算法对三种饮料进行聚类，并使用轮廓系数法确定最佳 *k* 值。

1. 案例目标

（1）掌握使用 *k*-Means 算法对数据进行聚类的方法。

（2）掌握使用轮廓系数法确定最佳 *k* 值的方法。

ML-06-v-005

2. 案例环境

案例环境如表 6.2 所示。

表 6.2 案例环境

硬件	软件	资源
PC 或 AIX-EBoard 人工智能实验平台	Ubuntu 18.04/Windows 10 pandas 1.3.5 sklearn 0.20.3 matplotlib 3.5.1 Python 3.7.3	drink.txt

3. 案例步骤

本案例的代码名称为 DrinkProject-2.py，目录结构如图 6.4 所示。本案例主要包含以下步骤。

步骤一：导入模块。

```
import pandas as pd
from sklearn.cluster import KMeans
from sklearn.metrics import silhouette_score
import matplotlib.pyplot as plt
```

步骤二：读取并显示数据。

```
#读取并显示数据
data = pd.read_csv('drink.txt')
print("数据的前 5 行: ")
print(data.head())
```

步骤三：使用轮廓系数法求解最佳 *k* 值。

```
#使用轮廓系数法求解最佳 k 值
record = []  # 创建列表，用来存储每次的轮廓系数
```

```
#循环多次，查找最优参数
for k in range(2, 10):
    model = KMeans(k)                                  #k 代表聚类的类别数
    model.fit(data)                                    #训练数据
    label = model.labels_                              #数据的聚类结果
    record.append(silhouette_score(data, label))       #将轮廓系数添加到 record 中
```

步骤四：绘制 s_i 与 k 的关系图

```
#绘制 si 与 k 的关系图
plt.plot(range(2, 10), record, marker='o', c='r')
plt.xlabel('k')
plt.ylabel('si')
plt.savefig('k-Means.jpg')
plt.show()
```

步骤五：使用最佳 k 值构建 k-Means 模型，并提取聚类的类别。

```
#使用 k=3 构建 k-Means 模型
k=3
model = KMeans(n_clusters=k)
model.fit(data)
#提取聚类的类别
data['cluster'] = model.labels_
centers = model.cluster_centers_
print("\n聚类的类别:")
print(model.labels_)
print("\n每个聚类的中心:")
print(centers)
```

步骤六：运行代码。

运行代码，结果如下。其中，图 6.6 所示为使用轮廓系数法求解出的 s_i 与 k 的关系图。

数据的前 5 行:

	calorie	caffeine	sodium	price
0	207.2	3.3	15.5	2.8
1	36.8	5.9	12.9	3.3
2	72.2	7.3	8.2	2.4
3	36.7	0.4	10.5	4.0
4	121.7	4.1	9.2	3.5

聚类的类别：
[0 1 1 1 2 2 2 1 2 0 1 1 1 1 2 2]

每个聚类的中心：
[[203.1　　　　　 1.65　　　　　 13.05　　　　　 3.15　　　]
 [38.525　　　　 4.55　　　　　 9.825　　　　　 2.65　　　]
 [113.2　　　　　 2.85　　　　　 8.85　　　　　 3.03333333]]

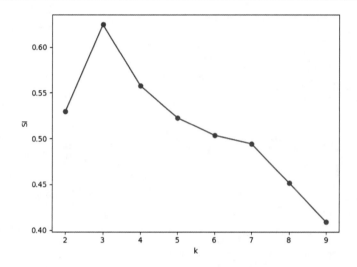

图 6.6　使用轮廓系数法求解出的 s_i 与 k 的关系图

4. 案例小结

本案例与 6.4.1 节中的案例 1 类似，但两个案例确定最佳 k 值的方法不同。

（1）使用轮廓系数法与手肘法确定最佳 k 值的方法类似，但略有区别。

（2）相比之下，本案例的优点：确定好最佳 k 值之后，即可使用该 k 值构建模型，并对数据进行聚类。

本章总结

- k-Means 算法属于无监督的算法，主要用于数据集内类别属性不明晰的场景。
- k-Means 算法的 k 取值十分重要，最佳 k 值的确定方法有手肘法和轮廓系数法。
- 常见的 k-Means 的优化算法包括 k-Means++、k-Means Ⅱ 和 Mini-Batch k-Means。

作业与练习

1．[单选题] k-Means 算法的聚类结果的中心即（　　）。

A．某个聚类中所有点的坐标的均值

B．数据集中所有点的坐标的均值

C．某个聚类中所有点的坐标的中间值

D．所有聚类结果中点的坐标的均值

2．[多选题] k-Means 算法结束的条件是（　　）。

A．质心不再发生变化

B．达到最大的迭代次数

C．误差足够小

D．k 值取最佳值

3．[单选题]不管是手肘法还是轮廓系数法，在确定 k 值时，均会用到（　　）。

A．样本个数　　　　　　　　　　B．质心

C．SSE　　　　　　　　　　　　D．所有聚类的误差平方和

4．[多选题] k-Means++算法与 k-Means 算法的最大区别是（　　）。

A．前者无须计算数据集中每个点与最近的质心的距离 D

B．前者的质心依赖于前一次质心的选择结果

C．前者优化了质心的计算方法

D．前者优化初始质心的选取方法

5．[多选题]Mini-Batch k-Means 算法在运算过程中（　　）。

A．收敛速度提高　　　　　　　　B．精度提高

C．精度降低　　　　　　　　　　D．收敛速度与精度均提高

ML-06-c-001

第 7 章

基于 SVM 算法的分类与回归预测

本章目标

- 了解 SVM 算法的应用场景。
- 理解 SVM 算法的工作原理。
- 理解硬间隔 SVM 算法与软间隔 SVM 算法的区别与联系。
- 掌握使用 SVM 算法进行分类的编程技巧。

SVM（支持向量机）算法是一种性能很好的机器学习算法，可以用于分类，又可以用于回归预测，具有很强的鲁棒性。本章介绍 SVM 算法，包括 SVM 算法的应用场景、工作原理、硬间隔 SVM、软间隔 SVM 等。

本章包含的两个案例如下：

- 基于 SVM 算法的鸢尾花数据集分类。

使用 SVM 算法对鸢尾花数据集进行分类，并显示相应模型的参数。

- 基于 SVM 算法的数据回归分析。

使用 SVM 算法进行数据的回归分析，并进行预测。

7.1 SVM 算法概述

SVM 算法是一种强大的机器学习算法，能够处理分类与回归预测问题。SVM 模型是一种性能非常优越的模型，通常应用在二分类问题上。其基本思路是寻找一个最优的决策边界，使决策边界距离两个类别的数据尽可能远一些。SVM 算法可分为硬间隔 SVM（Hard Margin SVM）

算法和软间隔 SVM（Soft Margin SVM）算法，软间隔 SVM 算法是由硬间隔 SVM 算法改进而来。

7.2　SVM 算法的工作原理

ML-07-v-001

7.2.1　硬间隔 SVM 算法

对于图 7.1 所示的数据集，可以看出，用一条直线便可将两个类别分开（线性可分），如图 7.2 所示。

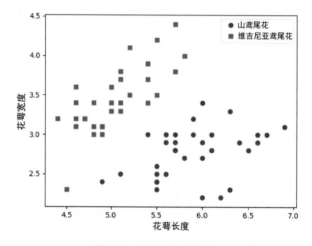

图 7.1　数据集图像展示

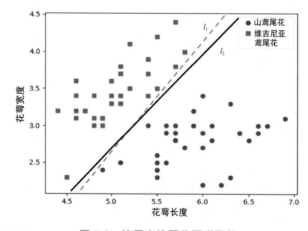

图 7.2　使用直线区分两类数据

　　由图 7.2 可看出，直线 l_1 与 l_2 均能将两类数据分开。但是，在 l_1 与 l_2 之中，哪一条直线能更好地将两类数据分开？很明显，l_2 的性能比 l_1 要好，因为 l_2 距离两个类别的样本都比较远。但是，能将两类数据分开的直线除了 l_1 与 l_2，还有无数条，哪一条是最优的？这便转化为求解 SVM 算法的最佳决策边界的问题。SVM 算法的最佳决策边界能将两个类别有效区分开来，同时距离两个类别的样本都尽可能远，如图 7.3 所示。

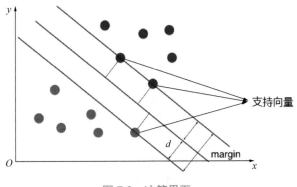

图 7.3　决策界面

　　在图 7.3 中，中间的直线即最佳决策边界（对于高维的情况，最佳决策边界为超平面），距离最佳决策边界最近的样本点称为支持向量，支持向量与最佳决策边界的距离为 d，通过支持向量的两条与最佳决策边界平行的直线之间的距离为 margin，d 与 margin 的关系如式（7.1）所示。

$$d = \frac{1}{2}\text{margin} \tag{7.1}$$

　　接下来，求解最佳决策边界。空间中的任意一点 (x, y) 到任意一条直线 $Ax + By + C = 0$ 的距离可用式（7.2）表示。

$$r = \frac{|Ax + By + C|}{\sqrt{A^2 + B^2}} \tag{7.2}$$

　　将式（7.2）扩展到 n 维空间，可得到任意一点 $\boldsymbol{x} = (x_1, x_2, \cdots, x_n)$ 到任意一条直线 $\boldsymbol{w}^\mathrm{T}\boldsymbol{x} + b = 0$ 的距离，如式（7.3）所示。

$$r = \frac{|\boldsymbol{w}^\mathrm{T}\boldsymbol{x} + b|}{\|\boldsymbol{w}\|} \tag{7.3}$$

式中，$\boldsymbol{w}$ 为法向量；b 为截距；$\|\boldsymbol{w}\| = \sqrt{w_1^2 + w_2^2 +, \cdots, + w_n^2}$。

　　对于数据集 D，设其满足图 7.3 所示的情况，决策边界能将 D 分为两个类别，分别为 +1（红色点）与-1（蓝色点），即对于 D 中的任意一个样本点 (x_i, y_i)（ $i = 1, 2, \cdots, m$ ），该点到决策边界的距离为

$$r = \frac{\left|w^{\mathrm{T}}x_i + b\right|}{\|w\|} \tag{7.4}$$

同时，式（7.5）成立。

$$\begin{cases} w^{\mathrm{T}}x_i + b \geqslant +1 \ (y_i = +1) \\ w^{\mathrm{T}}x_i + b \leqslant -1 \ (y_i = -1) \end{cases} \tag{7.5}$$

将式（7.5）综合，可写作

$$y_i(w^{\mathrm{T}}x_i + b) \geqslant 1 \tag{7.6}$$

SVM 算法的目标就是在式（7.6）的限定下，最大化决策边界两侧的支持向量与决策边界的距离之和，即

$$\begin{cases} \max \dfrac{2\left|w^{\mathrm{T}}x_i + b\right|}{\|w\|} \\ \text{s.t.} \ \ y_i\left(w^{\mathrm{T}}x_i + b\right) \geqslant 1 \end{cases} \tag{7.7}$$

式中，s.t. 为 subject to 的缩写，指定约束条件。式（7.7）的第一个式子中，$\left|w^{\mathrm{T}}x_i + b\right|$ 为一个欧几里得距离，相当于一个常量，可将其省略，进而得到式（7.8），以简化求解过程。

$$\begin{cases} \max \dfrac{2}{\|w\|} \\ \text{s.t.} \ \ y_i\left(w^{\mathrm{T}}x_i + b\right) \geqslant 1 \end{cases} \tag{7.8}$$

显然，式（7.8）与式（7.9）等价。

$$\begin{cases} \min \dfrac{1}{2}\|w\|^2 \\ \text{s.t.} \ \ y_i\left(w^{\mathrm{T}}x_i + b\right) \geqslant 1 \end{cases} \tag{7.9}$$

综上所述，只要求解出式（7.9）中的 w, b，即可求解出最佳决策边界，从而将 SVM 算法的决策边界求解问题转化为有条件的最优化问题。此时，所求解的最佳决策边界可将所有的样本严格分于边界两侧，这种求解最佳决策边界的算法称为硬间隔 SVM 算法。

硬间隔 SVM 算法存在一些问题。对于图 7.4（a）所示的数据集情况，硬间隔 SVM 算法将给出不准确的决策边界；对于图 7.4（b）所示的数据集情况，硬间隔 SVM 算法将无法进行划分。此时，可使用软间隔 SVM 算法进行处理。

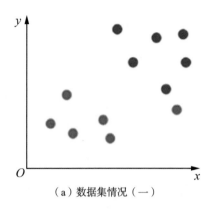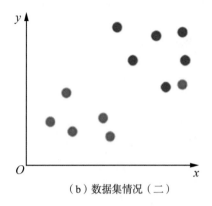

（a）数据集情况（一）　　　　　　　　（b）数据集情况（二）

图 7.4　硬间隔 SVM 算法无法处理的数据集情况

7.2.2　软间隔 SVM 算法

ML-07-v-002

　　软间隔 SVM 算法具有一定的容错能力，允许个别极端的或者错误的样本点分布在支持向量所在的和决策边界平行的直线与决策边界之间的区域，相比硬间隔 SVM 算法具有更强的泛化能力。

　　软间隔 SVM 算法的实现是在硬间隔 SVM 算法的基础上通过添加正则项加上容错空间，当使用 L1 正则项时，可得

$$\begin{cases} \min \dfrac{1}{2}\|\boldsymbol{w}\|^2 + C\displaystyle\sum_{i=1}^{m}\tau_i \\ \text{s.t.}\ \ y_i\left(\boldsymbol{w}^\mathrm{T}\boldsymbol{x}_i + b\right) \geqslant 1 - \tau_i \end{cases} \tag{7.10}$$

当使用 L2 正则项时，可得

$$\begin{cases} \min \dfrac{1}{2}\|\boldsymbol{w}\|^2 + C\displaystyle\sum_{i=1}^{m}\tau_i^2 \\ \text{s.t.}\ \ y_i\left(\boldsymbol{w}^\mathrm{T}\boldsymbol{x}_i + b\right) \geqslant 1 - \tau_i \end{cases} \tag{7.11}$$

　　上述两式当中，$\tau_i \geqslant 0$（$i = 1,2,\cdots,m$）；C 为可调参数，值越大，模型的容错空间越小，反之越大。

7.3　核函数

ML-07-v-003

　　不管是硬间隔 SVM 算法还是软间隔 SVM 算法，都只能解决线性问题。对于非线性问题，如图 7.5 所示的数据集，通常需要引入核函数。

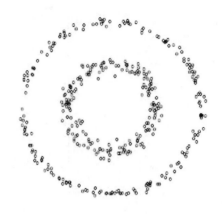

图 7.5　非线性数据集

设 $\boldsymbol{x}$ 为输入空间，$\boldsymbol{F}$ 为特征空间，$\varphi(\boldsymbol{x})$ 为一个映射，将输入空间 $\boldsymbol{x}$ 映射为特征空间 $\boldsymbol{F}$：

$$\varphi(\boldsymbol{x})：\boldsymbol{x} \to \boldsymbol{F} \tag{7.12}$$

对于输入空间 $\boldsymbol{x}$ 中的任意值 $\boldsymbol{x}_1$、$\boldsymbol{x}_2$，$\varphi(\boldsymbol{x})$ 使函数 $k(\boldsymbol{x}_1, \boldsymbol{x}_2)$ 满足

$$k(\boldsymbol{x}_1, \boldsymbol{x}_2) = \langle \phi(\boldsymbol{x}_1),\ \phi(\boldsymbol{x}_2) \rangle \tag{7.13}$$

式中，$k(\cdot)$ 为核函数；$\phi(\boldsymbol{x})$ 为映射函数；$\langle \cdot, \cdot \rangle$ 为函数内积。简而言之，当将输入空间的两个输入向量输入给核函数时，核函数的输出结果与两个输入向量分别进行特征映射之后再进行内积的结果相同。常用的核函数有线性核函数、高斯核函数、多项式核函数、sigmoid 核函数，最常用的核函数是高斯核函数。

当使用 SVM 算法处理非线性问题时，核函数的作用是将输入空间转化为高维的特征空间，从而使原来在低维不可分的问题转为高维可分问题，如图 7.6 所示，此时决策边界为一个超平面。

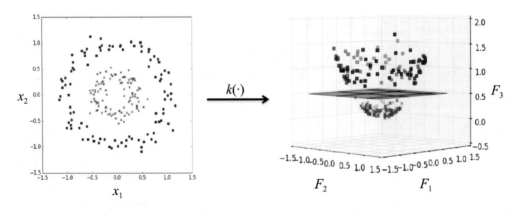

图 7.6　核函数的作用

7.4　SVM 回归

　　SVM 算法用于回归分析时称为支持向量回归（Support Vector Regression, SVR）算法，SVR 算法与 SVM 算法的工作原理基本一致，但是又有所区别。在用 SVR 算法做回归分析时，同样需要寻找一个超平面，而此时需要引入一个容忍范围，如图 7.7 所示。如果样本点位于虚线内区域，残差为 0，虚线区域外的样本点（支持向量）到虚线边界的距离为残差 ε。与线性回归思路一致，在求解回归模型时，希望残差 ε 最小。所以，本质上，SVR 算法是要寻找出一个最佳的条状区域，宽度为 2ε，再对区域外的点进行拟合回归。

ML-07-v-004

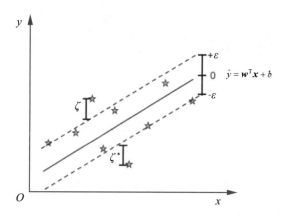

图 7.7　SVR 算法的容忍范围

　　此时，将 SVR 算法的目标函数在 SVM 算法的基础上修订为式（7.14）。

$$\begin{cases} \min \dfrac{1}{2}\|\boldsymbol{w}\|^2 + C\displaystyle\sum_{i=1}^{m}\left(\zeta_i + \zeta_i^*\right) \\ \text{s.t.} \begin{cases} y_i - \boldsymbol{w}^{\mathrm{T}}\boldsymbol{x}_i - b \leqslant \varepsilon + \zeta_i \\ \boldsymbol{w}^{\mathrm{T}}\boldsymbol{x} + b - y_i \leqslant \varepsilon + \zeta_i^* \\ \zeta_i, \zeta_i^* \geqslant 0 \end{cases} \end{cases} \quad （7.14）$$

7.5　案例实现

7.5.1　案例 1——基于 SVM 算法的鸢尾花数据集分类

ML-07-v-005

　　本案例使用 SVM 算法对鸢尾花数据集进行分类。

1. 案例目标

（1）理解 SVM 算法的工作原理与流程。

（2）了解核函数的应用方式。

（3）了解网格搜索交叉验证的应用方式。

（4）掌握使用 sklearn 构建 SVM 模型的主要步骤、模型训练方法、模型评估方法。

2. 案例环境

案例环境如表 7.1 所示。

表 7.1　案例环境

硬件	软件	资源
PC 或 AIX-EBoard 人工智能实验平台	Ubuntu 18.04/Windows 10 NumPy 1.21.6 sklearn 0.20.3 Python 3.7.3	sklearn 自带鸢尾花数据集

3. 案例步骤

本案例的代码名称为 Iris_SVM_Project.py，目录结构如图 7.8 所示。本案例主要包含以下步骤。

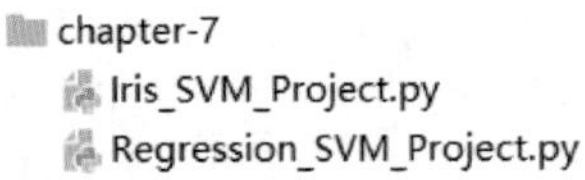

📁 chapter-7
　📄 Iris_SVM_Project.py
　📄 Regression_SVM_Project.py

图 7.8　目录结构

步骤一：导入模块，并设定随机种子。

```python
#导入相关包
import numpy as np
from sklearn.svm import SVC                          # SVM算法分类包
from sklearn.model_selection import train_test_split
from sklearn.model_selection import GridSearchCV
from sklearn.metrics import accuracy_score
import warnings
from sklearn.datasets import load_iris
warnings.filterwarnings('ignore')                   # 忽略警告

#设定随机种子
np.random.seed(123)
```

步骤二：获取数据集，并对其进行切分。

```python
# 获取数据集
```

```
data = load_iris()

# 抽取特征和标签
x = data.data
y = data.target

# 切分数据集，训练集占 70%，测试集占 30%
x_train, x_test, y_train, y_test = train_test_split(x, y, test_size=0.3)
print('代码运行中，请稍等……')
```

步骤三：对 SVM 模型进行调参。

```
svm = SVC() # 创建 svm 模型
pg = {# 惩罚系数 C 越大，训练准确度越高，但泛化能力越弱；C 越小，容错能力越强，但容易
出现欠拟合
    'C': np.linspace(1e-3,1, 5),
    # 核函数系数
    # gamma 越大，标准差越小，可能造成过拟合
    # gamma 越小，标准差越大，可能造成欠拟合
    'gamma': np.linspace(1e-3, 5),
    'kernel': ['linear', 'poly', 'rbf', 'sigmoid']} # 核函数类型
model = GridSearchCV(svm, pg, cv=5)
model.fit(x_train, y_train)
print('模型最优参数：', model.best_params_)
print('模型最优得分：', model.best_score_)
```

步骤四：模型评估。

```
# 使用计算所得的最优参数构建模型，并对数据集进行分类
# clf = SVC(C=0.001, kernel='', gamma=0.5111020408163265)
clf = SVC(C=model.best_params_['C'],kernel=model.best_params_['kernel'],\
        gamma=model.best_params_['gamma'])
clf.fit(x_train, y_train.ravel())
y_train_hat = clf.predict(x_train)
print('训练集得分：', accuracy_score(y_train, y_train_hat))
y_test_hat = clf.predict(x_test)
print('测试集得分：', accuracy_score(y_test, y_test_hat))
```

步骤五：运行代码。

运行代码，结果如下：

代码运行中，请稍等……

模型最优参数：{'C': 0.001, 'gamma': 0.5111020408163265, 'kernel': 'poly'}
模型最优得分：0.980952380952381
训练集得分：0.9809523809523809
测试集得分：0.9777777777777777

4. 案例小结

本案例使用 SVM 算法对鸢尾花数据集进行分类，在训练过程中可以借鉴以下做法。

（1）可以使用网格搜索交叉验证对模型进行调参，并利用所得参数构建模型，以提升模型精度。

（2）一般而言，SVM 算法中最常用的核函数是高斯核函数。

（3）可以使用准确率、分类报告等评估指标进行模型测评。

（4）SVM 模型相比其他机器学习模型而言，准确率更高，鲁棒性更强。

7.5.2 案例 2——基于 SVM 算法的数据回归分析

本案例使用 SVM 算法对数据进行回归分析，为了形成对比，在回归过程中分别使用三种核函数。

1. 案例目标

（1）掌握使用 SVM 算法进行回归分析的编程思路。

（2）掌握为 SVM 模型指定不同核函数的方法。

ML-07-v-006

2. 案例环境

案例环境如表 7.2 所示。

表 7.2　案例环境

硬件	软件	资源
PC 或 AIX-EBoard 人工智能实验平台	Ubuntu 18.04/Windows 10 NumPy 1.21.6 sklearn 0.20.3 matplotlib 3.5.1 Python 3.7.3	无

3. 案例步骤

本案例的代码名称为 Regression_SVM_Project.py，目录结构如图 7.7 所示。本案例主要包含以下步骤。

步骤一：导入模块。

```
#导入相关包
import numpy as np
from sklearn.svm import SVR # 采用 svm 算法做回归的包
import matplotlib.pyplot as plt
import warnings
warnings.filterwarnings('ignore')
```

步骤二：产生训练数据。

```
N = 50
np.random.seed(0)
# 为了后期画图线不会乱，进行排序处理
x = np.sort(np.random.uniform(0, 6, N), axis=0)
y = 2*np.sin(x) + 0.1*np.random.randn(N) # 加入噪声
x = x.reshape(-1, 1)
print('x =\n', x.T)
print('y =\n', y)
```

步骤三：分别使用三种核函数进行回归分析。

```
#使用高斯核函数进行 SVM 回归
svr_rbf = SVR(kernel='rbf', gamma=0.2, C=100)
svr_rbf.fit(x, y)

#使用线性核函数进行 SVM 回归
svr_linear = SVR(kernel='linear', C=100)
svr_linear.fit(x, y)

#使用多项式核函数进行 SVM 回归，将维度提升到 3
svr_poly = SVR(kernel='poly', degree=3, C=100)
svr_poly.fit(x, y)
```

步骤四：产生测试数据，并进行预测。

```
x_test = np.linspace(x.min(), 1.2*x.max(), 100).reshape(-1, 1)
y_rbf = svr_rbf.predict(x_test)
```

```
y_linear = svr_linear.predict(x_test)
y_poly = svr_poly.predict(x_test)
```

步骤五：显示数据及回归结果。

```
plt.rcParams['font.sans-serif'] = [u'SimHei']
plt.rcParams['axes.unicode_minus'] = False
plt.figure(figsize=(9, 8), facecolor='w')
plt.plot(x_test, y_rbf, 'r-', linewidth=2, label='高斯核')
plt.plot(x_test, y_linear, 'g-', linewidth=2, label='线性核')
plt.plot(x_test, y_poly, 'b-', linewidth=2, label='多项式核')
plt.plot(x, y, 'ko', markersize=6,label='原始数据')
plt.scatter(x[svr_rbf.support_], y[svr_rbf.support_], s=130, c='r',
marker='*', label='高斯核支持向量')
plt.legend(loc='lower left')
plt.title('SVR', fontsize=16)
plt.xlabel('X')
plt.ylabel('Y')
plt.grid(True)
plt.show()
```

步骤六：运行代码。

运行代码，结果如下。其中，图 7.9 所示为各个回归效果的对比。

```
x =
 [[0.1127388  0.12131038 0.36135283 0.42621635 0.5227758  0.70964656
  0.77355779 0.86011972 1.26229537 1.58733367 1.89257011 2.1570474
  2.18226463 2.30064911 2.48797164 2.5419288  2.62219172 2.62552327
  2.73690199 2.76887617 3.13108993 3.17336952 3.2692991  3.29288102
  3.40826737 3.41060369 3.61658026 3.67257434 3.70160398 3.70581298
  3.83952613 3.87536468 4.00060029 4.02382722 4.09092179 4.18578718
  4.2911362  4.64540214 4.66894051 4.68317506 4.75035023 4.79495139
  4.99571907 5.22007289 5.350638   5.55357983 5.66248847 5.6680135
  5.78197656 5.87171005]]
y =
 [ 0.05437325  0.43710367  0.65611482  0.78304981  0.87329469  1.38088042
  1.23598022  1.49456731  1.81603293  2.03841677  1.84627139  1.54797796
  1.63479377  1.53337832  1.22278185  1.15897721  0.92928812  0.95065638
  0.72022281  0.69233817 -0.06030957 -0.23617129 -0.23697659 -0.34160192
 -0.69007014 -0.48527812 -1.00538468 -1.00756566 -0.98948253 -1.05661601
 -1.17133143 -1.46283398 -1.47415531 -1.61280243 -1.7131299  -1.78692494
```

-1.85631003 -1.98989791 -2.11462751 -1.90906396 -1.95199287 -2.14681169
-1.77143442 -1.55815674 -1.48840245 -1.35114367 -1.27027958 -1.04875251
-1.00128962 -0.67767925]

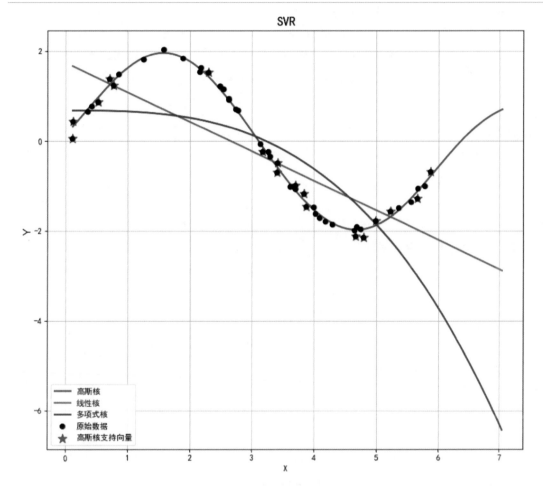

图 7.9　各个回归效果的对比

4. 案例小结

本案例使用 SVM 算法基于不同的核函数对数据进行回归分析，可以看出：

（1）通过指定不同的核函数，SVM 算法可以有效用于数据的回归分析。

（2）对于非线性数据，使用基于高斯核函数的 SVM 算法的拟合效果比使用多项式核函数的效果要好。

本章总结

- SVM 算法是一种强大的机器学习算法，其模型性能优越，通常应用在二分类问题上，根据实现过程又可以分为硬间隔 SVM 算法和软间隔 SVM 算法。
- SVM 算法只能解决线性问题，对于非线性问题需要引入核函数，常用的核函数包括线性核函数、高斯核函数、多项式核函数、sigmoid 核函数。

作业与练习

1．[多选题]SVM 算法求解的最佳决策边界的特征有（　　　）。
   A．能将类别有效区别开来　　　　　　B．距离一侧支持向量最远
   C．距离支持向量尽可能远　　　　　　D．位于支持向量中间

2．[单选题]利用 SVM 算法求解最佳决策边界的过程是（　　　）。
   A．无约束的最优化问题　　　　　　　B．有约束的最优化问题
   C．广义最优化问题　　　　　　　　　D．狭义最优化问题

3．[多选题]硬间隔 SVM 算法与软间隔 SVM 算法的区别是（　　　）。
   A．前者有容错空间
   B．前者无容错空间
   C．后者无一定的容错空间
   D．后者允许有一定的容错空间

4．[单选题]以下说法错误的是（　　　）。
   A．硬间隔 SVM 算法可以处理线性可分问题
   B．软间隔 SVM 算法可以处理线性可分问题
   C．SVM 算法可以通过核函数处理非线性问题
   D．SVM 算法可以通过核函数处理高维不可分问题

5．[单选题]核函数的作用是（　　　）。
   A．空间转换
   B．特征转换
   C．将低维不可分问题转化为高维可分问题
   D．将低维数据转换为高维数据

ML-07-c-001

第 8 章

随机森林揭秘

本章目标

- 了解集成学习的概念与实现方法。
- 理解随机森林的工作原理、特征选择原则、OOB 数据处理方式。
- 掌握使用随机森林解决实际问题的思路。

随机森林是基于决策树的集成模型，是机器学习中十分成功的算法，能处理二分类问题，也能处理多分类和回归预测问题。本章介绍随机森林的相关内容，包括集成学习的概念与实现方式、随机森林的概念、随机森林的工作原理、OOB（袋外数据）的处理方法等。

本章包含的两个案例如下：

- 使用随机森林进行森林植被类型的预测。

使用随机森林对森林植被数据集进行建模，并在此基础上进行类型预测。

- 使用随机森林进行共享单车每小时租用量的预测。

使用随机森林对共享单车的运营情况进行建模，并对每小时单车的租用量进行预测。

8.1 集成学习概述

ML-08-v-001

"三个臭皮匠顶个诸葛亮"是一句妇孺皆知的俗语，其中，"皮匠"指的是古代的"裨将"，即副将。这句俗语的意思是，三个副将的智慧合起来跟诸葛亮不相上下。在现代生活中，这句俗语往往是指，三个普通人，即使不优秀，但是只要他们共同努力，也能处理较为困难的问题。

在机器学习中，集成学习恰恰体现了这样一个思想。

集成学习（Ensemble Learning）是指运用组合策略将多个弱学习器组合，以产生强学习器，用于完成对目标数据的分类或者预测。此处的弱学习器是指分类或回归能力比较弱的学习器，也有人将弱学习器称为基学习器。强学习器，顾名思义，指的是分类或者回归能力很强的学习器。

集成学习构建强学习器的思路如图 8.1 所示。

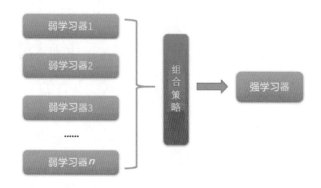

图 8.1　集成学习构建强学习器的思路

在使用集成学习构建强学习器的过程当中，弱学习器可以选择同质的学习器，也可以选择异质的学习器，前者指的是同一种类的学习器，后者指的是不同种类的学习器。不管是同质的学习器还是异质的学习器，都可以使用各种机器学习模型，如线性回归、SVM、决策树等，建议选择决策树作为构成强分类的基本单元。集成学习的实现方式有两种，分别是 Bagging 算法（装袋算法）、Boosting 算法。集成学习的构成体系如图 8.2 所示。

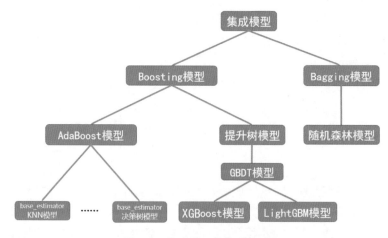

图 8.2　集成学习的构成体系

8.2 集成学习的实现方式

ML-08-v-002

8.2.1 Bagging 算法

Bagging（自助投票）算法是基于 Model Averaging（模型平均）的思想，是通过将多个模型组合来减少泛化误差的一种算法。其工作原理如下：首先单独训练数个不同的模型，之后在测试集上分别进行预测，将这些模型的输出结果中的多数作为最终的结果（此过程也称为投票），如图 8.3 所示。

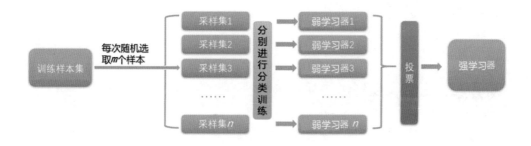

图 8.3 Bagging 算法的工作原理

在 Bagging 算法当中，各个弱学习器之间不存在强烈的依赖关系，可以并行生成与运行。同时，每个弱学习器在训练时均会对训练集的样本进行随机采样，并不是使用全部训练数据进行训练，从而使每个弱学习器产生多样化的效果。因为 Bagging 算法中各个弱学习器之间不存在关联性，可并行运行，所以在多并发主机的场景下，这种集成学习方法的运行效率很高。最有代表性的 Bagging 算法是随机森林。

8.2.2 Boosting 算法

Boosting 算法是串行地构造多个弱学习器，之后通过组合策略组合成一个强学习器，各个弱学习器之间存在强烈的依赖关系的算法。该算法的工作原理如图 8.4 所示。由图可知，Boosting 算法在训练过程中，一方面会给训练集赋予权重，每次迭代训练结束时会自动调整权重，提高在前一轮训练中被分错的样本的权重，减小正确分类的样本的权重；另一方面，会提高错误率小的弱学习器的权重，并降低错误率高的弱学习器的权重。通过以上两方面措施，学习器能更好地利用误分的样本进行识别。

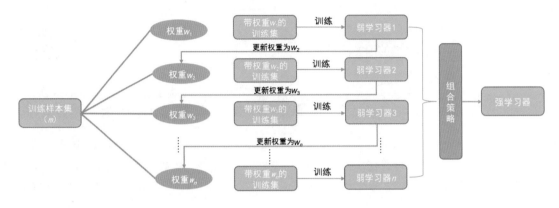

图 8.4　Boosting 算法的工作原理

8.3　集成学习的组合策略

ML-08-v-003

8.3.1　平均法

当集成学习用于回归预测时，使用的组合策略往往是平均法，即将若干弱学习器的输出的平均值作为最终的预测输出。设 n 个弱学习器的输出为 $\{h_1, h_2, \cdots, h_n\}$，此时使用算术平均法可以得到强学习器的输出为

$$H_{\text{out}} = \frac{1}{n} \sum_{i=1}^{n} h_i \tag{8.1}$$

若使用加权平均法，可以得到强学习器的输出为

$$H_{\text{out}} = \frac{1}{n} \sum_{i=1}^{n} w_i h_i \tag{8.2}$$

式中，w_i 的取值范围为 $[0,1]$，且 $\sum_{i=1}^{n} w_i = 1$。

8.3.2　投票法

投票法通常用于分类问题的处理。对于待预测的一个样本 x，设其所属的类别为 $\{c_1, c_2, \cdots, c_k\}$ 中的一个，n 个弱学习器的预测结果为 $\{h_1, h_2, \cdots, h_n\}$。最简单的投票法是相对多数投票法，即将 n 个弱学习器的预测结果中数量最多的类别作为最终的预测结果。若有多个类别获得并列最高票数，则随机选择一个作为最终结果。

此外，可以使用绝对多数投票法。该投票法是在相对多数投票法的基础上，一方面要求预测结果获得最高票数，另一方面要求预测结果的票数过半数，若不满足条件，则会拒绝预测。

8.3.3　学习法

不管是平均法还是投票法，均是对多个弱学习器的学习结果进行简单的逻辑处理，可能会引入较大误差，此时可以使用学习法作为组合策略。

学习法当中，比较有代表性的是堆叠法。堆叠法是在弱学习器之后再加上一层组合学习器，将弱学习器的学习结果作为组合学习器的输入，将训练集的标签作为组合学习器的标签重新训练，从而得到最终的预测结果。

8.4　随机森林

ML-08-v-004

8.4.1　随机森林概述

随机森林（Random Forest, RF）是基于决策树的集成模型，是机器学习中十分成功的算法，既能处理二分类问题，又能处理多分类问题和回归问题。

随机森林可以处理离散特征与连续特征，不需要特征缩放，能较好地捕获非线性关系和特征间的相互影响，同时可以并行运算。

随机森林包括两个方面的深层含义，一方面是"随机"，另一方面是"森林"，前者可以增强抗过拟合能力，后者可以提高模型的精度，其工作原理与 Bagging 算法类似，如图 8.5 所示。

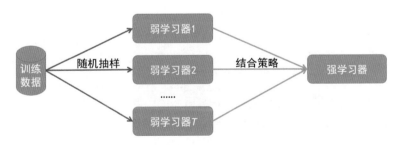

图 8.5　随机森林的工作原理

随机森林的随机性指的是样本随机与特征随机。样本随机是指在训练一棵决策树模型时采用的是有放回的拔靴法（Bootstrap）重采样方法，从训练数据集中随机抽取数量固定的样本作为训练集训练决策树，有多少棵决策树就抽取多少份训练集，从而保证了随机森林当中所有决策树的多样性特点。特征随机是指在生成决策树时（节点生成时）并不使用所有的特征，而是随机选择其中少量特征作为依据，有两种方法选择特征，一种是随机、不重复地选择一些特征；另一种是在随机、不重复地选择一些特征之后，对这些特征进行线性组合，以产生一系列组合特征。

随机森林中的"森林"指的是随机森林当中包括了大量的决策树，即将决策树作为弱学习器，一般使用投票法与平均法对弱学习器进行组合。

8.4.2　随机森林特征选择

随机森林在训练过程中，并不使用所有特征，而是选择少量特征构建决策树，此做法可以提高运算的效率，缩短训练时间与预测时间，还可以增强模型的泛化能力及可解释性。随机森林使用的特征选择方法为置换检验法。

置换检验法是统计学中显著性检测的一种方法，基本思想如下：设特征 F 是重要的，在使用随机值将该特征破坏，且重新训练和评估模型之后，模型的泛化能力有所减弱，减弱的程度如式（8.3）所示。

$$I(F) = P(G) - P(G') \tag{8.3}$$

式（8.3）中，$I(F)$ 代表特征 F 的重要性，$P(G)$ 代表特征被破坏之前模型的泛化能力，$P(G')$ 代表特征被破坏之后模型的泛化能力。$I(F)$ 的值越大，说明特征越重要。

但是，式（8.3）所体现的是重新训练与验证模型，效率较低下，因此可将式（8.3）修改为式（8.4）。

$$I(F) = P(G) - P'(G) \tag{8.4}$$

式（8.4）中，$P'(G)$ 代表使用去除特征 F 的数据进行测试，模型保持不变，从而避免了重新训练与验证步骤，提高了效率。

8.4.3　OOB 处理方式

随机森林在训练的过程当中，使用随机抽样得到的训练子集训练决策树，因此会有一些未被抽中的样本。对于决策树 DT_1，将未被用来训练该树的样本称为 DT_1 的袋外数据（Out of Bag, OOB）集中的样本。对于训练集中的任意一点 (x_i, y_i)，其属于 OOB 集的概率为 $\left(1 - \dfrac{1}{N}\right)^N$，当 N 很大时，概率约为 0.368。当 N 为已知常数时，可以计算出 OOB 集中样本的数量约为 $0.368N$。

OOB 集中的样本可以用来对模型进行测试，还可以用来对特征的优劣进行验证。对于 (x_i, y_i)，设其同时属于多个决策树的 OOB 集，将这些决策树组合成一个数据集 D，记为 D_i'，

当 D'_i 为所有决策树的均匀抽样结果（抽样多个）时，D 的近似误差可表示为

$$E_{\text{OOB}}(D) = \frac{1}{N}\sum_{i=1}^{N}\text{err}\left[y_i, D'_i(x_i)\right] \qquad (8.5)$$

8.5　案例实现

8.5.1　案例 1——使用随机森林进行森林植被类型的预测

本案例使用随机森林对森林植被数据集构建模型并进行训练，以对植被类型进行预测。

1. 案例目标

（1）理解集成学习的工作原理。
（2）理解使用随机森林解决问题的思路。
（3）掌握使用随机森林解决问题的编程技巧。

ML-08-v-005

2. 案例环境

案例环境如表 8.1 所示。

表 8.1　案例环境

硬件	软件	资源
PC 或 AIX-EBoard 人工智能实验平台	Ubuntu 18.04/Windows 10 pandas 1.3.5 sklearn 0.20.3 Python 3.7.3	covtype.txt

3. 案例步骤

本案例的代码名称为 ForestCov-Project.py，目录结构如图 8.6 所示。本案例主要包含以下步骤。

▼ 📁 chapter-8
　📄 covtype.txt
　📄 ForestCov-Project.py
　📄 hour.csv
　📄 ShareBike-Project.py

图 8.6　目录结构

步骤一：导入模块。

```
#导入相关包
import pandas as pd
from sklearn.model_selection import train_test_split
from sklearn.ensemble import RandomForestClassifier
```

步骤二：获取数据集，并对其进行处理。

```
#读取数据，并进行数据与标签的提取，将数据切分为训练集与测试集
df = pd.read_csv("covtype.txt", sep=",", header=None)
X = df.iloc[:,0:-1]
Y = df.iloc[:,-1]

X_train, X_test, Y_train, Y_test = train_test_split(X, Y, test_size = 0.2)
```

步骤三：构建模型，并进行训练。

```
#构建随机森林模型，并进行训练
model = RandomForestClassifier(n_estimators=300)
model.fit(X_train,Y_train)
```

步骤四：对模型进行性能评估。

```
#对模型进行性能评估，打印模型得分及混淆矩阵
print("模型准备率:{}".format(model.score(X_test,Y_test)))
#打印pandas的混淆矩阵
con_mat = pd.crosstab(Y_test,model.predict(X_test),\
                rownames=["label"],colnames=["predict"])
print("模型的混淆矩阵：")
print(con_mat)
```

步骤五：运行代码。

运行代码，结果如下：

```
模型准备率:0.9562489780814609
模型的混淆矩阵：
predict        1        2        3        4        5        6        7
label
1          39891     2192        0        0       11        4       95
2           1225    55143      117        1       56       65       13
3              0       90     7032       30        3      110        0
4              0        0       67      468        0       14        0
5             26      401       29        0     1508       13        0
6              5       79      226       16        1     3233        0
7            169       25        0        0        1        0     3844
```

4. 案例小结

本案例使用随机森林对森林植被进行预测，在没有采用任何数据的预处理及优化措施的情

况下，准确率就超过了 **95.62%**，混淆矩阵中错误预测的样本极少。在训练过程中可以借鉴以下做法。

（1）在使用随机森林进行模型构建的过程中，不需要事先进行数据的预处理。

（2）可使用准确率比较直观地看出模型的性能。

（3）可以使用混淆矩阵进一步分析模型的性能。

8.5.2 案例 2——使用随机森林进行共享单车每小时租用量的预测

本案例使用随机森林对共享单车的运营情况进行建模，并对每小时单车的租用量进行预测。

1. 案例目标

ML-08-v-006

（1）加深对随机森林工作原理的理解。

（2）理解随机森林用于回归预测时与用于分类时的区别。

（3）掌握使用随机森林进行回归预测的编程技巧。

2. 案例环境

案例环境如表 8.2 所示。

表 8.2 案例环境

硬件	软件	资源
PC 或 AIX-EBoard 人工智能实验平台	Ubuntu 18.04/Windows 10 pandas 1.3.5 sklearn 0.20.3 Python 3.7.3	hour.csv

3. 案例步骤

本案例的代码名称为 **ShareBike-Project.py**，目录结构如图 8.6 所示。本案例主要包含以下步骤。

步骤一：导入模块。

```
import pandas as pd
from sklearn.model_selection import train_test_split
from sklearn.metrics import mean_squared_error
from sklearn.ensemble import RandomForestRegressor
```

步骤二：读取数据，并对其进行处理。

```
df = pd.read_csv("hour.csv", sep=",")
#删除无用的列
del df["instant"]
del df["dteday"]
del df["casual"]
del df["registered"]

#构建 X 和 Y
X = df.iloc[:,0:-1]
Y = df.iloc[:,-1]

#划分训练集和测试集
X_train, X_test, Y_train, Y_test = train_test_split(X, Y, test_size =0.2)
```

步骤三：构建模型，并进行训练。

```
#构建模型，并进行训练，同时使用 oob_score=True 指定使用 OOB 计算 R 方的值
model = RandomForestRegressor(oob_score=True, n_estimators=200)
model.fit(X_train,Y_train)
```

步骤四：模型的性能评估。

```
print("决策树的均方误差:", mean_squared_error(Y_test.values, model.predict
(X_test)))
print("模型的 R 方的值: ", model.oob_score_)                  # R 方的值
print("数据集特征的个数: ", X.shape[1])
print("各个特征的重要性: ", model.feature_importances_)    # 特征的重要性
print("模型测试的得分: ")
print(model.score(X_test, Y_test))                          # 真实测试集的得分
```

步骤五：运行代码。

运行代码，结果如下：

```
决策树的均方误差: 1712.3659565212388
模型的 R 方的值: 0.9413262031688013
数据集特征的个数: 12
各个特征的重要性: [0.02196172 0.08144487 0.01471143 0.60978263 0.00245409
0.01403341 0.05864233 0.01825867 0.1191914  0.02173097 0.02747916 0.01030932]
模型测试的得分:
0.9481086238667927
```

4. 案例小结

本案例使用随机森林对共享单车的运营情况进行了回归分析，R^2（R 方）的值约为 0.94，接近 1，模型测试的得分约为 94.81%，可以得出以下结论。

（1）在没有进行数据处理或者模型优化的情况下，随机森林的回归能力很强。

（2）在模型训练之前，可以将不需要的干扰数据列删除。

（3）可以使用 OOB 计算一些数据指标，如 R^2（R 方）。

本章总结

- 集成学习是指运用组合策略将多个弱学习器进行组合，用于完成对目标数据的分类或者预测，常见的实现方式包括 Bagging 算法、Boosting 算法；集成学习组合策略主要有平均法、投票法和学习法。
- 随机森林是基于决策树的集成模型，可以用于处理二分类、多分类和回归预测问题。

作业与练习

1．[单选题]集成学习的基本组成单元为（　　　）。

    A．分类器   B．弱学习器

    C．回归器   D．决策树

2．[多选题]构成集成学习模型的基本单元可以是（　　　）。

    A．同质的学习器   B．识别率高的学习

    C．异质的学习器   D．没有特别要求

3．[多选题]Bagging 算法与 Boosting 算法的区别包括（　　　）。

    A．前者的各个弱学习器之间不存在依赖关系

    B．前者的各个弱学习器之间存在依赖关系

    C．后者的各个弱学习器之间存在依赖关系

    D．后者的各个弱学习器之间不存在依赖关系

ML-08-c-001

4．[多选题]随机森林中的"随机"不包括（　　　）。

    A．学习器随机   B．样本随机   C．特征随机   D．决策随机

5．[单选题]随机森林中特征选择的原则是（　　　）。

    A．模型转换法   B．样本转换法   C．特征置换检验   D．随机数破坏法

第 9 章

基于朴素贝叶斯算法的中文预测

本章目标

- 掌握朴素贝叶斯算法的工作原理与应用领域。
- 掌握 jieba 分词器的应用方法。
- 了解词频处理的操作流程及计算方式。
- 了解中文文本分类的操作流程。

朴素贝叶斯算法先利用以往生活、实验中获取的数据信息计算已经发生事件的概率，再使用已经发生事件的概率预测未来某个事件发生的可能性，是一种性能可靠的分类算法。

朴素贝叶斯算法因本身的特点，对文本分类具有良好的处理效果，经常用于自然语言处理领域。

本章包含的一个案例如下：

- 基于朴素贝叶斯算法的中文预测。

要求先使用 jieba 分词器对中文语句进行分词与词频的处理，再使用朴素贝叶斯算法对文本表达的类别进行预测。

9.1　贝叶斯算法

9.1.1　数学基础回顾

1. 条件概率

设 A,B 为任意两个事件，若 $P(A)>0$，则称在已知事件 A 发生的条件下，事件 B 发生的概率为条件概率，记为 $P(B|A)$，其定义式为

$$P(B|A)=\frac{P(AB)}{P(A)} \qquad (9.1)$$

2. 乘法公式

若 $P(A)>0$，则 $P(AB)=P(A)P(B|A)$。更一般地，若 $P(A_1 \cdots A_{n-1})>0$，则

$$P(A_1 \cdots A_n)=P(A_1)P(A_2|A_1)P(A_3|A_1A_2)\cdots P(A_n|A_1 \cdots A_{n-1}) \qquad (9.2)$$

3. 全概率公式

若 $\bigcup_{i=1}^{n}A_i=\Omega$，$A_iA_j=\varnothing$（对一切 $i \neq j$，$i,j=1,2,\cdots,n$），$P(A_i)>0$，则对任意事件 B 有以下公式。

$$P(B)=\sum_{i=1}^{n}P(A_i)P(B|A_i) \qquad (9.3)$$

现假设有一个聊天群，事件 A 是发消息，而群里面只有甲、乙、丙三人，事件 B 是问问题（问题包含在发言中）。根据表 9.1 中的条件，试计算聊天群中问问题的概率为多少。

表 9.1　聊天信息（一）

事件	人物		
	甲	乙	丙
发消息（A）次数	10	7	3
问问题（B）次数	3	4	2

由表 9.1 可以直接计算以下各值。

发消息总次数：10+7+3=20。

问问题总次数：3+4+2=9。

聊天群中问问题的概率：$P(B)=9/20$。

以上问题可以按照大数定律得到结果，根据以上结论，使用全概率公式方式解决。

首先，计算甲、乙、丙三人的问问题的概率（甲、乙、丙分别用 1、2、3 表示）。

甲发消息的概率为

$$P\left(A_1\right)=\frac{10}{20} \tag{9.4}$$

甲发消息时，提问的概率为

$$P\left(B|A_1\right)=\frac{3}{10} \tag{9.5}$$

乙发消息的概率为

$$P\left(A_2\right)=\frac{7}{20} \tag{9.6}$$

乙发消息时，提问的概率为

$$P\left(B|A_2\right)=\frac{4}{7} \tag{9.7}$$

丙发消息的概率为

$$P\left(A_3\right)=\frac{3}{20} \tag{9.8}$$

丙发消息时，提问的概率为

$$P\left(B|A_3\right)=\frac{2}{3} \tag{9.9}$$

利用全概率公式，计算可得问问题的概率为

$$P(B)=\sum_{i=1}^{n}P\left(A_i\right)P\left(B|A_i\right)=\frac{10}{20}\times\frac{3}{10}+\frac{7}{20}\times\frac{4}{7}+\frac{3}{20}\times\frac{2}{3}=\frac{9}{20} \tag{9.10}$$

由上可知，使用全概率公式计算的结果和使用大数定律计算的结果相同，全概率公式完全可以对概率进行准确表达。

9.1.2　贝叶斯公式

ML-09-v-001

贝叶斯公式又称为逆概率公式，公式条件如下：

若 $\bigcup_{i=1}^{n}A_i=\varOmega,\ A_iA_j=\varnothing$（对一切 $i\neq j$，i,j=1,2,$\cdots$,n），$P\left(A_i\right)>0$，则对任意事件 B 有以下公式。

$$P\left(A_j|B\right)=\frac{P\left(A_jB\right)}{P(B)}=\frac{P\left(A_j\right)P\left(B|A_j\right)}{\sum_{i=1}^{n}P\left(A_i\right)P\left(B|A_i\right)} \tag{9.11}$$

参考 9.1.1 节中聊天群的设定及表 9.1 中的条件，试预测下一个问问题的人是谁。

要预测下一个问题的人，需要使用 $P\left(A_j\middle|B\right)$ 方式来预测甲、乙、丙的概率，对应概率最高的人最有可能是下一个问题的人。

根据贝叶斯公式，分别计算甲、乙、丙是下一个问题的人的可能性。

甲是下一个问题的人的可能性为

$$P\left(A_1\middle|B\right)=\frac{P\left(A_1B\right)}{P(B)}=\frac{P\left(A_1\right)P\left(B\middle|A_1\right)}{\sum_{i=1}^{n}P\left(A_i\right)P\left(B\middle|A_i\right)}=\frac{\dfrac{10}{20}\times\dfrac{3}{10}}{\dfrac{9}{20}}=\frac{1}{3}\qquad(9.12)$$

乙是下一个问题的人的可能性为

$$P\left(A_2\middle|B\right)=\frac{P\left(A_2B\right)}{P(B)}=\frac{P\left(A_2\right)P\left(B\middle|A_2\right)}{\sum_{i=1}^{n}P\left(A_i\right)P\left(B\middle|A_i\right)}=\frac{\dfrac{7}{20}\times\dfrac{4}{7}}{\dfrac{9}{20}}=\frac{4}{9}\qquad(9.13)$$

丙是下一个问题的人的可能性为

$$P\left(A_3\middle|B\right)=\frac{P\left(A_3B\right)}{P(B)}=\frac{P\left(A_3\right)P\left(B\middle|A_3\right)}{\sum_{i=1}^{n}P\left(A_i\right)P\left(B\middle|A_i\right)}=\frac{\dfrac{3}{20}\times\dfrac{2}{3}}{\dfrac{9}{20}}=\frac{2}{9}\qquad(9.14)$$

通过以上计算，可以分别得到甲、乙、丙是下一个问题的人的概率，通过分析可以知道，乙是下一个问题的人的概率最大。同时，使用贝叶斯公式计算出的三个概率的加和值为 1。

通过上面案例可以发现，使用贝叶斯公式可以预测未来事件发生的概率，从而可以用贝叶斯算法进行分类计算。对公式进行调整，将事件 A、B 调整为 X、Y 进行表达，公式修改后为

$$P\left(Y_j\middle|X\right)=\frac{P\left(Y_jX\right)}{P(X)}=\frac{P\left(Y_j\right)P\left(X\middle|Y_j\right)}{\sum_{i=1}^{n}P\left(Y_i\right)P\left(X\middle|Y_i\right)}\quad(i,j=1,2,\cdots,n)\qquad(9.15)$$

式（9.15）可以理解为，在特定特征条件下，出现当前预测结果的概率计算公式。

9.2 朴素贝叶斯算法

9.2.1 朴素贝叶斯算法的由来

朴素贝叶斯算法是基于贝叶斯定理与特征条件独立假设的分类方法，可以大幅度减少算法的计算量，作为机器学习算法，可以更好地进行算法预测。表 9.2 所示为在不同条件下某种植物的生长状态。如果使用贝叶斯算法来对种植条件进行预测，会发现需要考虑气温、湿度、

土壤的联合概率，计算起来效率低下。

如果使用朴素贝叶斯算法，会对每个特征进行条件独立假设，不需要计算 3 个条件之间的联合概率，进而提升模型计算效率。

表 9.2　在不同条件下某种植物的生长状态

编号	条件			
	气温/℃	湿度	土壤	种植条件
1	32	高	黄土	不适宜
2	26	中等	黑土	适宜
3	22	中等	黑土	适宜
4	16	干燥	黄土	不适宜
5	25	干燥	黑土	适宜
6	23	中等	黑土	适宜
7	24	高	黄土	适宜
8	18	高	黑土	不适宜
9	5	中等	沙土	适宜
10	-5	干燥	黑土	不适宜
11	10	中等	黄土	适宜
12	8	高	黑土	适宜
13	49	干燥	沙土	不适宜
14	18	中等	黄土	适宜

9.2.2　拉普拉斯平滑

按照表 9.2，如果只考虑湿度和土壤，假设土壤对于判断植物是否适宜种植没有参考价值，完全按照湿度就可以确定某种植物是否适宜种植。假设 P(土壤=沙土|适宜种植)=0，P(土壤=沙土|不适宜种植)=0.001。当数据样本中添加特征（土壤=沙土，湿度=中等）时，可以算出以下结果。

P(适宜种植)P(湿度中等|适宜种植)P(土壤=沙土|适宜种植) = 0

P(不适宜种植)P(湿度中等|不适宜种植)P(土壤=沙土|不适宜种植)=0.001

通过以上结果可以发现，按照正常的理解，湿度中等是适宜种植植物的，但是由于沙土的特征概率影响，使朴素贝叶斯公式的连乘结果为 0，直接影响到最终的运算结果。

解决这一问题可以使用拉普拉斯平滑，改造概率公式如下：

$$P\left(Y=适宜\right)=\frac{适宜种植数+\lambda}{总数+类别数\times\lambda} \tag{9.16}$$

在随机变量各个取值的频数上赋予一个正数 λ，当 $\lambda=1$ 时，改造概率的方式称为拉普拉斯平滑。使用这种方式的主要目的是保证分子不为 0，在进行朴素贝叶斯计算的过程中，不会出现类别概率为 0 的情况。

9.3　朴素贝叶斯算法家族

朴素贝叶斯算法具有比较强的算法解释能力，可以进行分类处理，但是传统的朴素贝叶斯算法只能进行离散特征处理，为了更好地适应数据集的特点，在朴素贝叶斯算法的基础上，出现了三种朴素贝叶斯算法的变种，可以适应不同数据集的处理操作。

9.3.1　高斯朴素贝叶斯算法

ML-09-v-002

高斯朴素贝叶斯算法可以进行连续特征处理，使特征值服从高斯分布状态，使用连续概率进行朴素贝叶斯计算。

下面使用鸢尾花数据集配合高斯朴素贝叶斯算法，完成鸢尾花数据集的分类处理，代码名称为 Gauss_Bayes.py，目录结构如图 9.1 所示。

📁 chapter-09
　📄 beyes01.txt
　📄 classify.xls
　📄 Employee_status_prediction.py
　📄 Gauss_Bayes.py
　📄 jieba_Tokenizer.py
　📄 Poly_Bayes.py
　📄 stopwords.txt
　📄 tf.py
　📄 tf-idf.py

图 9.1　目录结构

```python
from sklearn.datasets import load_iris
# 调用高斯朴素贝叶斯算法
from sklearn.naive_bayes import GaussianNB
from sklearn.metrics import accuracy_score, classification_report
from sklearn.model_selection import train_test_split


# 获取数据，对 x、y 进行分割
x, y = load_iris(return_X_y=True)
# 将数据集切分为训练集和测试集，设置随机种子，保证每次筛选的样本效果相同
```

```
x_train, x_test, y_train, y_test = train_test_split(x, y, random_state=123)
# 使用高斯朴素贝叶斯算法训练数据
model = GaussianNB()
model.fit(x_train, y_train)
y_ = model.predict(x_test)
# 打印预测结果
print('模型准确率：\n', accuracy_score(y_test, y_))
print('分类报告：\n', classification_report(y_test, y_))
```

程序编写完成后，运行代码，代码运行效果如图 9.2 所示。

```
模型准确率：
0.9473684210526315
分类报告：
              precision    recall  f1-score   support

           0       1.00      1.00      1.00        16
           1       0.80      1.00      0.89         8
           2       1.00      0.86      0.92        14

    accuracy                           0.95        38
   macro avg       0.93      0.95      0.94        38
weighted avg       0.96      0.95      0.95        38
```

图 9.2　代码运行效果

可以看出，使用高斯朴素贝叶斯算法进行连续特征分类的准确率比较高，可以将高斯朴素贝叶斯算法应用到连续特征变量的分类过程中。

9.3.2　多项式朴素贝叶斯算法

ML-09-v-003

当数据集中的特征属性服从多项分布状态时，可以使用多项式朴素贝叶斯算法。下面使用 bayes01.txt 基于多项式朴素贝叶斯算法完成分类处理，代码名称为 Poly_Bayes.py，目录结构如图 9.1 所示。

```
import pandas as pd
from sklearn.naive_bayes import MultinomialNB
from sklearn.preprocessing import LabelEncoder
from sklearn.model_selection import train_test_split
from sklearn.metrics import accuracy_score
import warnings
warnings.filterwarnings('ignore')

# 获取数据集，并打印信息
df = pd.read_csv('bayes01.txt')
```

```
print('打印数据集前 5 行：\n', df.head())

# 针对 x2 进行标签化处理
df['X2'] = LabelEncoder().fit_transform(df[['X2']])

# 切分 x、y 数据集
x, y = df[['X1', 'X2']], df[['Y']]

# 对数据集进行切分处理
x_train, x_test, y_train, y_test = train_test_split(x, y, test_size=0.1,
random_state=123)

# 调用多项式朴素贝叶斯算法
model = MultinomialNB()
model.fit(x_train, y_train)
y_ = model.predict(x_test)

# 验证模型效果
print('模型准确率：\n', accuracy_score(y_test, y_))
```

程序编写完成后，运行代码，代码运行效果如图 9.3 所示。

若数据集特征属性为连续值，而且服从伯努利分布，则可以使用伯努利朴素贝叶斯算法进行处理。

9.4　中文文本预测

```
打印数据集前5行：
   X1 X2  Y
0   1  S -1
1   1  M -1
2   1  M  1
3   1  S  1
4   1  S -1
模型准确率：
 1.0
```

ML-09-v-004　　图 9.3　代码运行效果

9.4.1　词频处理

词频处理是对一个文本中出现的单词按照出现的频率进行统计，后续可以交给朴素贝叶斯算法计算概率，从而更好地进行文本分类处理。

文本类数据处理最重要的是将文本数据转换为数值型数据，一般情况是将文本转换为向量。

传统的词频处理方式是直接统计每个案例中单词出现的次数，需要计算文档中各个单词出现的频率。例如，使用['我 爱 你','我 恨 你 恨 你']两条数据进行词频统计，代码名称为 **tf.py**，目录结构如图 9.1 所示。

```
from sklearn.feature_extraction.text import CountVectorizer

X = ['我 爱 你', '我 恨 你 恨 你']
y = [0,0,1]

# 调用词频处理操作
Coder = CountVectorizer(token_pattern="[a-zA-Z|\u4e00-\u9fa5]+")
X = Coder.fit_transform(X)
print('处理词根：\n', Coder.get_feature_names())
print('各样本的词频：\n', X.toarray())
```

程序编写完成后，运行代码，代码运行效果如图 9.4 所示。通过图 9.4 可以看出，每个数字对应样本中单词出现的频率。

处理词根：
 ['你', '恨', '我', '爱']
各样本的词频：
 [[1 0 1 1]
 [2 2 1 0]]

图 9.4　代码运行效果

以上处理词频的方法有一个缺陷，就是在处理词频的过程中认为所有单词都是同等重要的。但是，实际应用过程中，一些单词没有实际表达意义。例如，一个关于美食的博客中，会多次体现食材的名称，但是在真正的分类中，这些单词起到的作用就非常小。可以使用一种比较直接的方式来处理该问题，即给文档中出现频率较高的单词赋予较低的权重，给文档中出现频率低的单词赋予较高的权重。

仍然使用['我 爱 你','我 恨 你 恨 你']两条数据进行词频加权统计，代码名称为 **tf-idf.py**，目录结构如图 9.1 所示。

```
from sklearn.feature_extraction.text import TfidfVectorizer

X = ['我 爱 你', '我 恨 你 恨 你']
y = [0,0,1]

# 调用词频处理操作
tiCoder = TfidfVectorizer(norm=None,token_pattern="[a-zA-Z|\u4e00-\u9fa5]+")
X = tiCoder.fit_transform(X)
print('处理词根：\n', tiCoder.get_feature_names())
print('各样本的词频：\n', X.toarray())
```

程序编写完成后，运行代码，代码运行效果如图 9.5 所示。

可以看出，相对传统的词频处理而言，由于"爱"和"恨"只在一个样本中出现，相对词频比例就会提升，使用这样的方式就可以针对出现较少的单词采取更好的操作。

```
处理词根:
 ['你', '恨', '我', '爱']
各样本的词频:
[[1.         0.        1.        1.40546511]
 [2.        2.81093022 1.        0.        ]]
```

图 9.5　代码运行效果

9.4.2　jieba 分词器

ML-09-v-005

在分词工作中，英文分词的工作非常简单，很快就可以完成，如 I like movie，由于英文语法的先天优势，可以在单词之间加空格用于分割，可直接对内容进行完善。但是，中文需要将每句话中的每个词都查找出来，再进行分割。

Python 中的分词工具有很多，包括盘古分词器、Yaha 分词器、jieba 分词器、THULAC 分词器等，基本用法大同小异。

jieba 分词器的名称非常有趣，取"结巴"的谐音，可以很有效地对中文语句进行分词处理，如果想要安装 jieba 库，使用 pip install jieba 命令即可。

下面利用一段代码来对 jieba 分词器的使用进行简单介绍，代码名称为 jieba_Tokenizer.py，目录结构如图 9.1 所示。

```python
import jieba

# 指定要处理的文本内容
text = '欢迎学习机器学习算法'

# 采用全模式处理数据
split_list = jieba.cut(text, cut_all=True)
print("[全模式]: ", " ".join(split_list))

# 采用精确模式处理数据
split_list = jieba.cut(text, cut_all=False) # 默认为精确模式
print("[精确模式]: ", " ".join(split_list))

# 更适合采用搜索引擎进行处理
split_list = jieba.cut_for_search(text)
print("[搜索引擎模式]: ", " ".join(split_list))

# 去除停用词
# 为了保证后续处理数据信息的效果，将一些不重要的辅助词去除
```

```
stopwords = ['的', '包括'] # 停用词表
text = "故宫的著名景点包括乾清宫、太和殿和午门等"
# 精确模式
segs = jieba.cut(text, cut_all=False)
final = ''
for seg in segs:
# 如果切分的单词不在停用词表中，就进行输出
    if seg not in stopwords:
            final += seg
print('去除停用词语句：\n', final)

seg_list = jieba.cut(final, cut_all=False)
print('分词后的效果：')
print(" ".join(seg_list))
```

程序编写完成后，运行代码，代码运行效果如图 9.6 所示。

```
Building prefix dict from the default dictionary ...
Loading model from cache C:\Users\15011\AppData\Local\Temp\jieba.cache
[全模式]：  欢迎 学习 学习机 机器 学习 算法
[精确模式]：  欢迎 学习 机器 学习 算法
[搜索引擎模式]：  欢迎 学习 机器 学习 算法
去除停用词语句：
    故宫著名景点乾清宫、太和殿和午门等
分词后的效果：
故宫 著名景点 乾 清宫 、 太和殿 和 午门 等
Loading model cost 1.348 seconds.
Prefix dict has been built successfully.
```

图 9.6   代码运行效果

可以看出，在全模式下，所有可能的单词结果都会被输出；在精确模式下，可以根据当前文本表达的语境，更好地分析语句中单词的分配方式；在搜索引擎模式下，可以更好地获取互联网的新兴词汇，具有更好的实时效果。

9.5   案例实现——基于朴素贝叶斯算法的中文预测

ML-09-v-006

本案例首先根据实际情况针对数据进行处理，再使用 jieba 分词器进行分词处理，并统计词频，最后将处理后的数据放入多项式朴素贝叶斯算法中并进行预测。

1. 案例目标

（1）掌握 sklearn 中朴素贝叶斯模型的训练、预测操作流程。

（2）掌握 jieba 分词器对中文分词的处理流程。

（3）掌握词频处理将单词转换为向量的流程。

（4）了解停用词对词频处理的重要性。

2．案例环境

案例环境如表 9.3 所示。

表 9.3　案例环境

硬件	软件	资源
PC 或 AIX-EBoard 人工智能实验平台	Ubuntu 18.04/Windows 10 pandas 1.3.5 sklearn 0.20.3 jieba 0.42.1 Python 3.7.3	classify.xls　数据集 stopwords.txt　停用词表

3．案例步骤

创建代码 Employee_status_prediction.py，目录结构如图 9.1 所示。本案例主要包含以下步骤。

步骤一：导入与配置必要的库。

```
import pandas as pd
import jieba
from sklearn.feature_extraction.text import CountVectorizer
from sklearn.model_selection import train_test_split
from sklearn.naive_bayes import BernoulliNB
from sklearn.metrics import classification_report
import warnings
warnings.filterwarnings('ignore')
```

步骤二：更换工作表，查看数据表单信息，并查看标签数量。

```
# sheet_name 更换工作表，查看数据表单信息
df = pd.read_excel('classify.xls', sheet_name='classify')
# print(df.head())

# 查看标签数量
# print(df['post_type'].value_counts())
```

步骤三：进行词频处理、分析。

```
# 进行 jieba 分词处理
```

```
df['Body'] = df['Body'].map(lambda x:jieba.lcut(x)) # 精确模式
# print(df['Body'].head())

# 获取停用词表，去除无用信息
s = ''
with open('stopwords.txt',encoding='utf-8',errors='ignore')as sp:
    for word in sp.readlines():
        s += word.strip() #移除指定字符

# 当截断词小于1个数值时，去除该截断词
df['Body'] = df['Body'].map(lambda x:[i for i in x if i not in s if
len(i) > 1])

# 在单词之间加空格区分，方便后续进行分词处理
df['Body'] = df['Body'].map(lambda line:' '.join(line))

# 进行词频处理
X = df['Body'].tolist()
cv = CountVectorizer()
x = cv.fit_transform(X)
# y 标签用于分析结果类别
y = df['post_type']
```

步骤四：切分数据集，进行训练及效果测评。

```
# 切分数据集，进行伯努利朴素贝叶斯算法训练
X_train, X_test, y_train, y_test = train_test_split(x,y,test_size=0.2)
bnb = BernoulliNB()
bnb.fit(X_train,y_train)
y_pred = bnb.predict(X_test)

# 结果分析报告
print('模型准确率：\n', bnb.score(X_test, y_test))
print('分类报告：\n', classification_report(y_test, y_pred))
```

步骤五：运行代码，查看运行效果。

代码运行效果如图 9.7 所示。

```
Loading model cost 0.865 seconds.
Prefix dict has been built successfully.
```
模型准确率：
 0.8148936170212766
分类报告：

	precision	recall	f1-score	support
1	0.00	0.00	0.00	21
2	0.00	0.00	0.00	12
3	0.00	0.00	0.00	8
4	0.82	1.00	0.90	384
5	0.00	0.00	0.00	45
accuracy			0.81	470
macro avg	0.16	0.20	0.18	470
weighted avg	0.67	0.81	0.73	470

图 9.7　代码运行效果

4. 案例小结

本案例使用中文数据集对情感进行分类处理。

对于本案例可以总结出以下经验。

（1）采用朴素贝叶斯算法无法进行类别不平衡问题的处理，本案例中数据集的类别不平衡问题严重，分类效果差。

（2）对于分词后的结果值较多的情况，可以使用降维进行处理、分析。

（3）利用停用词可以去除文本中对情感分析无作用的单词。

本章总结

- 使用多项式朴素贝叶斯算法之前，需要对文本内容进行分词、词频统计操作。
- 高斯朴素贝叶斯算法对连续特征的处理及表达有很好的效果。
- 朴素贝叶斯公式是贝叶斯公式的低配版，它虽然降低了概率的准确性，但是提升了算法的运算效率。
- 词频统计可以使用加权统计方法，以更好地表达文本中单词的重要度。

作业与练习

1．[单选题]可以用于处理鸢尾花数据集的算法是（　　　　）。

　　A．高斯朴素贝叶斯算法

　　B．伯努利朴素贝叶斯算法

C．多项式朴素贝叶斯算法

D．以上都有

2．[多选题]词频处理常用的两种方式是（　　）。

A．tf B．tf-idf C．jieba D．停用词处理

3．[单选题]处理某一项数据缺失或者为 0 的情况，朴素贝叶斯算法通过（　　）来进行调节。

A．jieba 分词 B．词频处理

C．停用词处理 D．拉普拉斯平滑

4．[单选题]朴素贝叶斯公式相比贝叶斯公式的改进是（　　）。

A．使用连续数据替代离散数据

B．使用特征条件独立假设

C．使用深度学习思想进行处理

D．添加拉普拉斯平滑系数

ML-09-c-001

5．[多选题]针对文本处理，一般包含的步骤有（　　）。

A．jieba 分词 B．停用词处理

C．词频处理 D．分类操作

第 *10* 章

基于 PCA 降维的图片重构

本章目标

- 掌握 SVD、PCA 算法的原理及特点。
- 熟练应用 SVD 算法和 PCA 算法进行图片压缩、重构处理。
- 掌握使用降维算法对特征进行处理的方法。
- 了解 PCA 底层算法的工作原理。

降维是将高维度的特征信息降低成低维度的数据信息的一种特征处理方式，可以保留数据中重要的信息。

降维因算法特点，可以用于图片的压缩处理，也可以使用在高维度的数据集中，通过降低维度来避免模型出现过拟合。

本章包含的一个案例如下：

- 基于 PCA 降维的图片重构。

使用降维技术对图片进行重构，在满足原始图片效果的前提下，可以使用更好的特征信息完成对图片的还原。

10.1 降维

ML-10-v-001

10.1.1 降维的作用

在数据分析或者推荐算法等场景下，为了能够更好地对数据信息进行描述，会收集大量的数据信息，以获取数据之间的规律。

随着收集的数据信息的增多，特征的数量也会增加。一般情况下，大部分特征之间存在关系，导致模型的复杂性增加，对数据的分析可能会产生极大影响。

降维处理数据可以在减少特征分析的同时，尽可能减少信息的损失，以对收集到的数据进行相对全面的分析。

10.1.2 降维的理解

降维的主要目标是找到数据中的主成分以进行处理，如果主成分较多，就需要进行主成分分析。

表 10.1 所示为学生成绩信息（一），要从三个同学中选择一名最优秀的同学，最方便的方式就是从三个人的信息中找到最关键的那一个特征，也就是数学成绩，即相对特征的主成分（方差较大的特征数据）。

表 10.1　学生成绩信息（一）

学生编号	语文	数学	物理	化学
1	90	140	99	100
2	90	97	88	92
3	90	110	79	83
……	……	……	……	……

但是，如果按照表 10.2 所示，课程成绩较多，且分布不均匀，就无法使用直观方式来对主成分进行分析、处理了。这时就要采用降维算法，以更好地获取数据中主成分信息。

表 10.2　学习成绩信息（二）

学生编号	数学	物理	化学	语文	历史	英语
1	65	61	72	84	81	79
2	77	77	76	64	70	55
3	67	63	49	65	67	57
4	80	69	75	74	74	63
5	74	70	80	84	82	74
6	78	84	75	62	72	64
7	66	71	67	54	65	57
8	77	71	57	72	86	71
9	83	100	79	41	67	50
……	……	……	……	……	……	……

降维可以理解为图 10.1 所示的过程，将降维之后的多维图像映射在平面上，可以对分类效果进行更清晰的解释，这就是降维最大的好处。

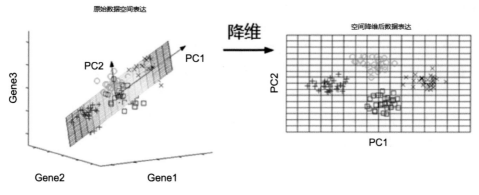

图 10.1　降维可视化展示

10.2　SVD 算法解析

ML-10-v-002

10.2.1　特征值分解

特征值分解是在线性代数中经常使用的一种方法，主要作用是对矩阵用特征向量和特征值进行表达。该方法可以使用少量的数据来表达大量的信息，从而可以使存储的信息大幅减少。特征值表达式如下：

$$A\boldsymbol{\alpha} = \lambda\boldsymbol{\alpha} \tag{10.1}$$

式中，A 为原始矩阵；$\boldsymbol{\alpha}$ 为特征向量；λ 为特征值。使用特征值和特征向量可以还原出原始矩阵，同时在特征值分解的过程中，特征值数值越大，对应的特征向量中所携带的信息量越大，也就越能代表原始矩阵。一般使用前 10%~20%的特征向量就可代表原始矩阵 99%以上的数据信息，因此特征值分解是一种非常好的降维处理方式。

但是，特征值分解存在一个非常尴尬的问题，就是特征值分解只能针对方阵进行处理，不能针对矩阵进行处理。而在真实环境中，数据信息往往都是以非方阵方式呈现的，这对数据降维的应用有一定限制。

10.2.2　奇异值分解

奇异值分解（SVD）解决了特征值分解的缺陷，可以对矩阵进行分解。分解方式也很简单，首先只需要对矩阵和其转置进行矩阵乘法计算，就可以得到一个方阵，之后就可以使用特征值分解的方式对数据进行处理，最后进行数据降维。

将一个非零的 $m×n$ 实矩阵 A（$A∈R_{m×n}$）表示为以下三个实矩阵乘积形式的运算，即进行矩阵的因子分解。

$$A = U\Sigma V^{\mathrm{T}} \tag{10.2}$$

式中，U 为 m 阶正交矩阵；V 为 n 阶正交矩阵；Σ 为由降序排列的非负对角元素组成的 $m×n$ 矩形对角矩阵；$U\Sigma V^{\mathrm{T}}$ 为矩阵 A 的奇异值分解。奇异值分解的原理如图 10.2 所示。

$$
\begin{aligned}
&UU^{\mathrm{T}} = I \\
&VV^{\mathrm{T}} = I \\
&\Sigma = \mathrm{diag}(\sigma_1, \sigma_2, \cdots, \sigma_p) \\
&\sigma_1 \geqslant \sigma_2 \geqslant \cdots \geqslant \sigma_p \geqslant 0 \\
&p = \min(m, n)
\end{aligned}
\qquad
\Sigma =
\begin{bmatrix}
\sigma_1 & 0 & \cdots & 0 & 0 \\
0 & \sigma_2 & \cdots & 0 & 0 \\
\vdots & \vdots & \ddots & \vdots & \vdots \\
0 & 0 & \cdots & \sigma_p & 0
\end{bmatrix}_{m×n}
$$

图 10.2　奇异值分解的原理

在图 10.2 中，σ_i 为矩阵 A 的奇异值，U 的列向量为左奇异向量，V 的列向量为右奇异向量。

奇异值分解矩阵效果如图 10.3 所示，图中的 m 和 n 分别代表原始矩阵的行数和列数，r 代表选取奇异值的个数。选择相对适宜的奇异值用于矩阵相乘，同样可以得到与原始矩阵相同大小的矩阵，但是所存储的数据相比原数据少很多。

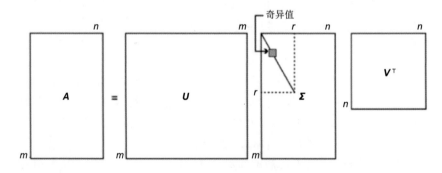

图 10.3　奇异值分解矩阵效果

10.2.3　降维可视化效果

本节使用 SVD 算法配合鸢尾花数据集进行降维效果演示，代码名称为 irisSVD.py，目录结构如图 10.4 所示。

```
from sklearn.decomposition import TruncatedSVD
```

```
from sklearn.datasets import load_iris
import matplotlib.pyplot as plt

# 获取数据集
x, y = load_iris(return_X_y=True)
# 降维前的特征
print('降维前的特征：\n', x[:5])

# 创建降维模型，降维到 2 维
model = TruncatedSVD(n_components=2)
x = model.fit_transform(x)
print('降维后的特征：\n', x[:5])

# 可以使用 inverse 函数反转数据
x_ = model.inverse_transform(x)
print('反转后的数据：\n', x_[:5])

# 查看可视化后的效果
# 每个聚类之间有很好的分群效果
plt.rcParams['font.sans-serif']=['SimHei']
plt.xticks([])
plt.yticks([])
plt.title('降维后效果')
plt.scatter(x[:, 0], x[:, 1], c=y)
plt.show()
```

运行代码，查看运行效果。代码运行效果如图 10.5 所示，代码可视化结果如图 10.6 所示。

图 10.4　目录结构

```
降维前的特征：
 [[5.1 3.5 1.4 0.2]
 [4.9 3.  1.4 0.2]
 [4.7 3.2 1.3 0.2]
 [4.6 3.1 1.5 0.2]
 [5.  3.6 1.4 0.2]]
降维后的特征：
 [[5.91274714 2.30203322]
 [5.57248242 1.97182599]
 [5.44697714 2.09520636]
 [5.43645948 1.87038151]
 [5.87564494 2.32829018]]
反转后的数据：
 [[5.0952927  3.50597743 1.40192232 0.20165319]
 [4.74588049 3.19610853 1.46136967 0.25800276]
 [4.68667405 3.21586325 1.30954904 0.19452725]
 [4.61488457 3.08894388 1.46347879 0.27002699]
 [5.07488651 3.50623125 1.36428119 0.1863997 ]]
```

图 10.5　代码运行效果

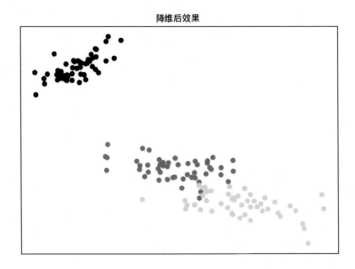

图 10.6　代码可视化效果

由以上结果可以看出，使用降维能更好地表达数据的分类效果，并可观察到，各个类别之间已经形成相对独立的数据群。

10.2.4　降维在图片压缩中的应用

降维不仅可以应用于数据处理领域，还可以应用于图片压缩领域，以使用较少的数据信息表达复杂、清晰度高的图片。下面使用 SVD 算法配合图片 flower.jpg 来进行操作，代码名称为 SVDcompress.py，目录结构如图 10.4 所示。

```python
from PIL import Image
import numpy as np
import matplotlib as mpl
import matplotlib.pyplot as plt

mpl.rcParams['font.sans-serif'] = [u'simHei']
mpl.rcParams['axes.unicode_minus'] = False
A = Image.open(r'flower.jpg')
a = np.array(A)
print(a.shape)
```

 # 因为是彩色图像，所以是 3 通道。a 的最内层数组有三个数，分别表示 R、G、B，三者用来表示一个像素

```
u_r, sigma_r, v_r = np.linalg.svd(a[:, :, 0])#红色通道图片
u_g, sigma_g, v_g = np.linalg.svd(a[:, :, 1])#绿色通道图片
u_b, sigma_b, v_b = np.linalg.svd(a[:, :, 2])#蓝色通道图片


# 根据需要压缩图像（丢弃分解出来的三个矩阵中的数据）
# 利用的奇异值个数越少，则压缩得越厉害。下面来看一下采用不同程度压缩后重构图像的清晰度
# u 表示左奇异矩阵，sigma 表示特征值矩阵，v 表示右奇异矩阵，k 表示选择的奇异值数量，仅需
10%的奇异值就会有很好的图像显示效果
def restore1(u, sigma, v, k):
    # 重构图像
    a = np.dot(u[:, :k], np.diag(sigma[:k])).dot(v[:k, :])
    #图像的像素点数值显示范围是 0~255
    a[a < 0] = 0
    a[a > 255] = 255
    return np.rint(a).astype('uint8')#为了保证处理后的结果是一个整数


plt.figure(facecolor='w', figsize=(10, 10))#底片白色，图片尺寸
# 将奇异值个数依次取 1,2,…,12 来看一下效果
K = 12
for k in range(1, K + 1):#1-12
    R = restore1(u_r, sigma_r, v_r, k)
    G = restore1(u_g, sigma_g, v_g, k)
    B = restore1(u_b, sigma_b, v_b, k)
    I = np.stack((R, G, B), axis=2)#通道是第三个维度，因此 axis=2
    # 将重构后的图片显示出来
    plt.subplot(3, 4, k)
    plt.imshow(I)
    plt.axis('off')
    plt.title(u'奇异值个数：%d' % k)

plt.suptitle(u'SVD 与图像分解', fontsize=20)
plt.show()
```

运行代码，查看运行效果。图片压缩可视化效果如图 10.7 所示。

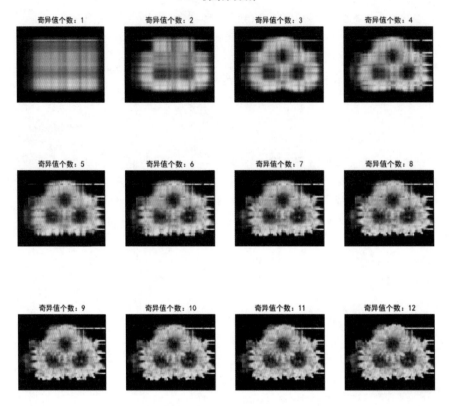

图 10.7　图片压缩可视化效果

从图 10.7 可以看出，使用奇异值分解获得少量的数据信息，就可以将图片很好地表达。由此可见，降维使用在图片压缩中的应用效果很好。

10.3　PCA 降维

ML-10-v-003

10.3.1　PCA 降维的工作原理

主成分分析（Principal Component Analysis, PCA）是一种常见的数据分析方式，常用于高维数据的降维，即提取数据的主要特征分量。

PCA 降维利用的是信号处理数据的原理。在信号处理中认为信号具有较大的方差，噪声具有较小的方差，信噪比就是信号与噪声的方差比，信噪比越大越好。

图 10.8 所展示的是具有两个维度的数据集，两个维度特征的数值分别使用横、纵坐标轴来进行表示。其中，蓝色点为样本点，对应坐标即样本的两个特征数值。按照上述表达方式，如果想要将数据降维到一维，就需要保留最大方差信息，如图 10.8 中的玫红色线就是降维到一维数据后的坐标轴，红色点就是降维到一维后对应的数值。

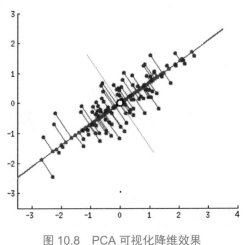

图 10.8　PCA 可视化降维效果

10.3.2　使用 PCA 底层算法实现图片重构的流程

使用 PCA 底层算法进行图片重构的流程如下：

（1）数据中心化，即数据去均值处理，如图 10.8 所示，主要目的是使方差尽可能小一些。

（2）计算协方差矩阵。使用协方差可以分析各个特征之间的相关性，从而更好地对数据进行分析、处理。

（3）计算协方差矩阵的特征值和特征向量。协方差矩阵都是方阵形式，可通过特征值分解的操作获取特征值和特征向量。

（4）特征值排序。特征值数值越大，对应特征向量所携带的信息越多，可更好地表现原始数据中的信息。此步骤中会对特征值由大到小进行排序，从而在后续过程中能够完成图片的重构。

（5）利用新的特征向量完成矩阵重构，即依据特征值匹配特征向量，进行图片重构。

10.4　案例实现——基于 PCA 降维的图片重构

本案例基于对 PCA 算法原理的理解，首先进行底层代码的编写，然后完成 PCA 算法逻辑的分析，最后使用图片重构验证模型的处理能力。

1. 案例目标

ML-10-v-004

（1）熟悉 PCA 降维的图像重构特点。

（2）熟悉 PCA 降维的算法流程。

（3）熟悉 PCA 导入库的使用方法。

2. 案例环境

案例环境如表 10.3 所示。

表 10.3　案例环境

硬件	软件	资源
PC 或 AIX-EBoard 人工智能实验平台	Ubuntu 18.04/Windows 10 NumPy 1.21.6 sklearn 0.20.3 opencv-Python 4.5.1.48 Python 3.7.3	flower.jpg 图片

3. 案例步骤

创建代码 PCAcompress.py，目录结构如图 10.4 所示。本案例主要包含以下步骤。

步骤一：导入与配置所需的库。

```
import numpy as np
import cv2 as cv
from sklearn import decomposition
```

步骤二：数据中心化处理。

```
def centere_data(dataMat):
    rows, cols = dataMat.shape
    meanVal = np.mean(dataMat, axis=0)   # 按列求均值，即求各个特征的均值
    meanVal = np.tile(meanVal, (rows, 1))
    newdata = dataMat - meanVal
    return newdata, meanVal
```

步骤三：降维处理与计算。

```
# 最小化降维造成的损失，确定 k 值
def Percentage2n(eigVals, percentage):
    sortArray = np.sort(eigVals)   # 升序
```

```
sortArray = sortArray[-1::-1]    # 逆转，即降序
arraySum = sum(sortArray)
temp_Sum = 0
num = 0
for i in sortArray:
    temp_Sum += i
    num += 1
    if temp_Sum >= arraySum * percentage:
        return num
```

步骤四：获取足够的数据信息。

```
# 得到最大的 k 个特征值和特征向量
def EigDV(covMat, p):
    D, V = np.linalg.eig(covMat)    # 得到特征值和特征向量
    k = Percentage2n(D, p)    # 确定 k 值
    print("保留 99% 信息，降维后的特征个数：" + str(k) + "\n")
    eigenvalue = np.argsort(D)
    K_eigenValue = eigenvalue[-1:-(k + 1):-1]
    K_eigenVector = V[:, K_eigenValue]
    return K_eigenValue, K_eigenVector
```

步骤五：整合各部分算法。

```
# PCA 算法
def PCA(data, p):
    dataMat = np.float32(np.mat(data))
    # 数据中心化
    dataMat, meanVal = centere_data(dataMat)
    # 计算协方差矩阵
    covMat = np.cov(dataMat, rowvar=0)
    # 选取最大的 k 个特征值和特征向量
    D, V = EigDV(covMat, p)
    # 得到降维后的数据
    lowDataMat = dataMat * V
    # 重构数据
    reconDataMat = lowDataMat *V.T+ meanVal
    return reconDataMat
```

步骤六：编写主函数。

```
if __name__ == '__main__':
    img = cv.imread('flower.jpg',0)
    rows, cols = img.shape
    #pca = decomposition.PCA()# 创建 PCA 降维和创建 SVD 降维的方式相同
    print("降维前的特征个数：" + str(cols) + "\n")
    print(img)
    print('----------------------------------------')
    PCA_img = PCA(img, 0.99)
    PCA_img = PCA_img.astype(np.uint8)
    print(PCA_img)
    cv.imshow('test', PCA_img)
    cv.imwrite('change.jpg',PCA_img)
    cv.waitKey(0)
    cv.destroyAllWindows()
```

步骤七：运行代码，查看运行效果。

代码运行效果如图 10.9 所示。

图 10.9　代码运行效果

4. 案例小结

本案例使用 PCA 底层算法完成图片重构的处理。

对于本案例可以总结出以下经验。

（1）使用 PCA 算法完成底层编码，需要理解算法的工作原理。

（2）相对而言，使用 SVD 算法进行图片压缩的效果更好。

本章总结

- PCA、SVD 算法对图片压缩、数据降维有很好的处理效果。
- 降维可以减少复杂信息的获取，避免模型出现过拟合。
- PCA 算法和 SVD 算法都间接使用特征值分解来进行降维处理。

作业与练习

1. [单选题]不属于降维算法的主要作用的是（　　）。

　　A．压缩图片　　　　　　　　　　B．使数据更易于理解

　　C．预测数据结果　　　　　　　　D．降低数据复杂度

2. [多选题]降维无法处理的场景是（　　）。

　　A．房屋售价预测　　　　　　　　B．数据分类

　　C．图片压缩　　　　　　　　　　D．数据降维

3. [单选题]PCA 算法和 SVD 算法中都用到的数学知识有（　　）。

　　A．奇异值分解　　　　　　　　　B．特征值分解

　　C．去均值处理　　　　　　　　　D．方差最大化

4. [单选题]PCA 算法的中心思想是（　　）。

　　A．使数据的方差最大，就可以最多的信息

　　B．将矩阵与其转置相乘，得到实对称矩阵，再进行特征值分解

　　C．直接去除方差最小的特征

　　D．随机生成数据，和原始数据进行对比，方差越小，效果越好

5. [多选题]针对降维说法正确的是（　　）。

　　A．特征值越大，对应特征向量中保存的信息越多

　　B．都会应用到特征值分解

　　C．都可以处理非方阵

　　D．都可以做回归和分类

ML-10-c-001

第 2 部分 机器学习基础算法综合应用

通过第 1 部分的学习，读者已经掌握了机器学习基础算法，知道了算法的工作过程及使用算法解决问题的思路。但是在实际的项目开发过程中，又是如何使用算法完成项目开发的呢？

项目的处理流程一般由以下几步构成，分别是数据过滤、数据预处理、建模与评估。

数据过滤就是针对数据集进行筛查处理工作，可以对数据集中的噪声数据、缺失数据等进行初步处理。

数据预处理就是对特征进行数据分析，查找特征间的相关性，以及特征和标签之间的关系，并进行标准化、独热编码等处理，为模型训练提供更好的数据格式。

建模与评估指的是针对项目的类型，选择对应的机器学习基础算法，对算法的参数进行调优。之后，使用测试集检测模型性能，同时使用对应的模型评估标准，量化地评估模型的效果。

本部分将在第 1 部分的基础上，进一步展现使用机器学习基础算法进行综合应用的过程，读者从中可以学习到以下内容。

（1）基于数据集的特点，查看字段和标签之间的关系，使用 matplotlib 进行可视化处理，并根据可视化效果分析字段的重要性。

（2）使用 pandas 函数，进行数据过滤操作，查看数据集中的缺失值比例，并根据情况进行对应的缺失值特征处理。

（3）通过 k-Means 算法结合 RFM 模型理论，对用户消费水平进行分析，并通过雷达图查看用户消费特点，进行用户消费种类划分。

（4）使用停用词，结合 jieba 分词器和词频处理，对文本类型的数据进行情感分析、预测。

第*11*章

学生分数预测

本章目标

- 掌握数据集字段信息查看技巧。
- 掌握离散特征的处理及分析方式。
- 掌握项目中模型的调参处理方式。
- 掌握回归项目的评估方式。

回归预测是一种常用的数据预测方式，可以用于分数预测、股价预测等连续值的预测操作中。

在进行案例分析之前，要提前进行数据过滤、数据预处理、建模与评估。

本章包含的一个案例如下：

- 学生分数预测。

根据提供的数据集特点，分析字段特征，根据特征进行相对应的预处理，后续使用独热编码对离散特征进行处理，使用 sklearn 针对模型进行调优，最后给出模型评估结果。

11.1 数据集分析

本案例所使用的数据集来源于 IBM 公司的 SPSS 软件中自带的数据集，包含大量数据，提供了大量的特征信息，利用这些数据可以很好地进行回归分析。

数据集各字段信息如表 11.1 所示，总计 11 个字段，其中，'n_student'、'pretest'和'posttest'为

连续特征，其他均为离散特征。

表 11.1 数据集各字段信息

字段名称	中文释义	数据类型
school	学校名称，选择多所学校的学生信息	object
school_setting	学校位置，分为城市、农村和远郊	object
school_type	学校类型，分为公立和非公立	object
classroom	教室，涉及多种教室类型	object
teaching_method	教学方式，分为普通和专家两个级别	object
n_student	学生数量，即当前学生所在班级的学生数量	float
student_id	学生编号，即学号	object
gender	性别	object
lunch	午餐，分为减免费用午餐和全额午餐	object
pretest	提前模拟分数，即提前测试分数	float
posttest	测试分数，该数据的标签	float

11.2 案例实现——学生分数预测

1. 案例目标

（1）掌握数据过滤的方式。

（2）掌握离散特征的处理方式。

（3）掌握线性模型调参、评估的处理方式。

2. 案例环境

案例环境如表 11.2 所示。

表 11.2 案例环境

硬件	软件	资源
PC 或 AIX-EBoard 人工智能实验平台	Ubuntu 18.04/Windows 10 NumPy 1.21.6 pandas 1.3.5 matplotlib 3.5.1 sklearn 0.20.3 Python 3.7.3	test_scores.csv

3. 案例步骤

本案例分为三部分，分别是数据过滤、数据预处理、建模与评估，编写三段代码以完成案例的三部分。

1）数据过滤

该部分主要对数据集进行查看，以确定是否存在脏数据、异常值、缺失值等，并将处理后的数据用于后续处理。

创建代码 01data_filter.py，目录结构如图 11.1 所示。数据过滤主要包含以下步骤。

chapter-11
  01data_filter.py
  02feature_processing.py
  03modeling_evaluation.py
  pre.csv
  pre1.csv
  test_scores.csv

ML-11-v-001

图 11.1 目录结构

步骤一：初步数据查看。

一般会使用以下三个函数进行数据的初步查看。

（1）df.head()函数，用于查看前 5 行数据信息，可查看数据的特点，便于后续分析。

（2）df.info()函数，用于查看数据的基础信息，主要用于查看是否存在缺失值，以及查看数据类型、数据总量、各个特征的数据总量、是否有缺失值。

（3）df.describe()函数，用于查看连续字段的均值、标准差等信息，如果连续字段的标准差数值过大，就代表出现异常值，后续需要进行进一步验证。

```python
import pandas as pd
# 显示所有列
pd.set_option('display.max_columns', None)

df = pd.read_csv('test_scores.csv')
print(df.head())
print(df.describe())
print(df.info())
```

运行代码，查看运行效果。df.head()函数的输出效果如图 11.2 所示，df.describe()函数的输出效果如图 11.3 所示，df.info()函数的输出效果如图 11.4 所示。

```
    school school_setting school_type classroom teaching_method  n_student  \
0   ANKYI         Urban   Non-public      6OL         Standard       20.0
1   ANKYI         Urban   Non-public      6OL         Standard       20.0
2   ANKYI         Urban   Non-public      6OL         Standard       20.0
3   ANKYI         Urban   Non-public      6OL         Standard       20.0
4   ANKYI         Urban   Non-public      6OL         Standard       20.0

   student_id  gender              lunch  pretest  posttest
0       2FHT3  Female  Does not qualify     62.0      72.0
1       3JIVH  Female  Does not qualify     66.0      79.0
2       3XOWE    Male  Does not qualify     64.0      76.0
3       55600  Female  Does not qualify     61.0      77.0
4       74LOE    Male  Does not qualify     64.0      76.0
```

图 11.2　df.head()函数的输出效果

```
         n_student        pretest       posttest
count  2133.000000    2133.000000    2133.000000
mean     22.796531      54.955931      67.102203    均值
std       4.228893      13.563101      13.986789    标准差
min      14.000000      22.000000      32.000000
25%      20.000000      44.000000      56.000000
50%      22.000000      56.000000      68.000000    中位数
75%      27.000000      65.000000      77.000000
max      31.000000      93.000000     100.000000
```

图 11.3　df.describe()函数的输出效果

```
<class 'pandas.core.frame.DataFrame'>
RangeIndex: 2133 entries, 0 to 2132
Data columns (total 11 columns):
 #   Column           Non-Null Count   Dtype
---  ------           --------------   -----
 0   school           2133 non-null    object
 1   school_setting   2133 non-null    object
 2   school_type      2133 non-null    object
 3   classroom        2133 non-null    object
 4   teaching_method  2133 non-null    object
 5   n_student        2133 non-null    float64
 6   student_id       2133 non-null    object
 7   gender           2133 non-null    object
 8   lunch            2133 non-null    object
 9   pretest          2133 non-null    float64
 10  posttest         2133 non-null    float64
dtypes: float64(3), object(8)
memory usage: 183.4+ KB
```

图 11.4　df.info()函数的输出效果

步骤二：初步离散值筛选。

　　离散值在字段中可列举所有的可能性，但需要保证可列举的结果不能过多，否则在模型计算过程中会消耗更多的参数，这时就需要将相近的离散值合并处理；如果每个样本都存在一个独立的离散值，就没有必要保留，直接删除即可。

通过查询离散字段，使用 **df[列名].value_counts()** 来分析字段信息。

```
# 针对object类型数据进行分析
# print(df.columns)
obj_columns = ['school', 'school_setting', 'school_type', 'classroom',
        'teaching_method', 'n_student', 'student_id', 'gender', 'lunch']

# 遍历查看离散值分布
print('离散值分布查看')
for i in obj_columns:
    print(i)
    print(df[i].value_counts())
```

运行代码，可见较长输出频数信息，字段 'n_student' 输出频数信息如图 11.5 所示，可以看出，需要减少离散值的数量；字段 'student_id' 输出频数信息如图 11.6 所示，可以看出，所有离散值的频数均为 1，需要进行删除处理。

```
n_student
22.0    264
21.0    231
27.0    189
28.0    168
20.0    160
30.0    150
24.0    144
23.0    138
17.0    136
19.0    133
25.0    125
18.0     72
16.0     64
15.0     45
31.0     31
29.0     29
14.0     28
26.0     26
Name: n_student, dtype: int64
```

```
student_id
2FHT3    1
P5X30    1
7NE6P    1
36YGH    1
2GDJ8    1
        ..
X01MT    1
VMAIX    1
VIVT4    1
V3J4V    1
ZVCQ8    1
Name: student_id, Length: 2133, dtype: int64
```

图 11.5　字段'n_student'输出频数信息　　　　图 11.6　字段'student_id'输出频数信息

步骤三：删除无用字段，并保存处理后的数据。

删除字段'student_id'，进行合并处理，将处理后的数据保存。

```
# 删除字段'student_id'
del df['student_id']

# 班级人数分为三部分，即小于20,20~25,大于25
def fn(x):
    if x<20:
```

```
        return 0
    elif x<=25 and x>=20:
        return 1
    else:
        return 2

df['n_student'] = df['n_student'].map(fn)

# 查看处理后的效果
# print(df.head())

# 将处理后的数据保存
df.to_csv('pre.csv', index=None)
```

运行代码，可保存临时处理文件 pre.csv 作为后续处理应用数据集。

2）数据预处理

通过绘制图像分析离散特征和标签之间的关系，并对特征字段进行相应的处理，以方便后续建模与评估，创建代码 02feature_processing.py，目录结构如图 11.1 所示，并完成以下操作。

将离散特征和标签之间的关系用条形图进行显示，并对数值重新编号。

```
import pandas as pd
pd.set_option('display.max_columns', None)
import matplotlib.pyplot as plt
plt.rcParams['font.sans-serif'] = ['SimHei']

df = pd.read_csv('pre.csv')
print(df.head())
```

ML-11-v-002

```
    #####################################################################
###########
    # 针对学校进行处理、分析
df1 = pd.DataFrame(df.groupby('school').mean()['posttest'])
df1.plot(kind='bar')
plt.title('学校与均分的关系')
plt.xlabel('学校')
plt.ylabel('均分')
plt.show()
```

```python
# 对学校按照学习的均分进行处理
# 60 分以下为一组，大于或等于 60 分、小于 70 分为一组，70~80 分为一组，80 分及以上为一组
# 获取列名称
school_0 = df1[df1['posttest']<60].index
school_1 = df1[(df1['posttest']>=60)&(df1['posttest']<70)].index
school_2 = df1[(df1['posttest']>=70)&(df1['posttest']<80)].index
school_3 = df1[df1['posttest']>=80].index
# 修改 df 学校级别
def fn_school(x):
    if x in school_0:
        return 0
    elif x in school_1:
        return 1
    elif x in school_2:
        return 2
    elif x in school_3:
        return 3
df['school'] = df['school'].map(fn_school)
# print(df.head())  # 查看修改效果


###################################################################################
###########
# 针对学校位置进行处理、分析
df1 = pd.DataFrame(df.groupby('school_setting').mean()['posttest'])
df1.plot(kind='bar')
plt.title('学校位置与均分的关系')
plt.xlabel('学校位置')
plt.ylabel('均分')
plt.show()


# 可以看出，三个类别之间有一定差距，全部保留，转换为数字
def fn_school_setting(x):
    if x == 'Rural':
        return 0
    elif x == 'Suburban':
        return 1
    else:
        return 2
```

```
df['school_setting'] = df['school_setting'].map(fn_school_setting)


###################################################################
###########
# 针对学校类型进行处理、分析
df1 = pd.DataFrame(df.groupby('school_type').mean()['posttest'])
df1.plot(kind='bar')
plt.title('学校类型与均分的关系')
plt.xlabel('学校类型')
plt.ylabel('均分')
plt.show()


# 可以看出，公立学校与非公立学校之间存在差距，转换为数字
def fn_school_type(x):
    if x == 'Public':
        return 0
    else:
        return 1


df['school_type'] = df['school_type'].map(fn_school_type)


###################################################################
###########

# 针对教室类型进行处理、分析
df1 = pd.DataFrame(df.groupby('classroom').mean()['posttest'])
# print(df1)
df1.plot(kind='bar')
plt.title('教室类型与均分的关系')
plt.xlabel('教室类型')
plt.ylabel('均分')
plt.show()
```

ML-11-v-003

```
# 教室类型多且差距大，将类似分数的教室合并
# 从 40 分开始，往上每 10 分划分一个档次
class_0 = df1[(df1['posttest']>=40)&(df1['posttest']<50)].index
class_1 = df1[(df1['posttest']>=50)&(df1['posttest']<60)].index
class_2 = df1[(df1['posttest']>=60)&(df1['posttest']<70)].index
class_3 = df1[(df1['posttest']>=70)&(df1['posttest']<80)].index
```

```python
class_4 = df1[(df1['posttest']>=80)&(df1['posttest']<90)].index
class_5 = df1[(df1['posttest']>=90)&(df1['posttest']<100)].index

def fn_class(x):
    if x in class_0:
        return 0
    elif x in class_1:
        return 1
    elif x in class_2:
        return 2
    elif x in class_3:
        return 3
    elif x in class_4:
        return 4
    elif x in class_5:
        return 5
    else:
        return 6

df['classroom'] = df['classroom'].map(fn_class)


####################################################################

# 针对教学方式进行处理、分析
df1 = pd.DataFrame(df.groupby('teaching_method').mean()['posttest'])
df1.plot(kind='bar')
plt.title('教学方式与均分的关系')
plt.xlabel('教学方式')
plt.ylabel('均分')
plt.show()

# 可以看出，不同教学方式之间有一定差距，转换为数字
def fn_method(x):
    if x == 'Standard':
        return 0
    else:
        return 1

df['teaching_method'] = df['teaching_method'].map(fn_method)
```

```
##################################################################

# 针对性别进行处理、分析
df1 = pd.DataFrame(df.groupby('gender').mean()['posttest'])
df1.plot(kind='bar')
plt.title('性别与均分的关系')
plt.xlabel('性别')
plt.ylabel('均分')
plt.show()

# 不同性别之间的分数差距接近零，去除该特征
del df['gender']

##################################################################

# 针对午餐方式进行处理、分析
df1 = pd.DataFrame(df.groupby('lunch').mean()['posttest'])
df1.plot(kind='bar')
plt.title('午餐与均分的关系')
plt.xlabel('午餐')
plt.ylabel('均分')
plt.show()

# 可以看出，不同午餐之间有一定差距，转换为数字
def fn_lunch(x):
    if x == 'Does not qualify':
        return 0
    else:
        return 1

df['lunch'] = df['lunch'].map(fn_lunch)

##################################################################

# pretest 是提前测试分数
# 与标签关联度过高，不参与计算，直接删除
del df['pretest']

##################################################################
```

```
# 保存模型
df.to_csv('pre1.csv', index=None)
```

运行代码，可以得到多张可视化效果图及保存的数据。可视化特征效果大体分为以下三种。

（1）特征内离散值之间反馈的标签数值差距小，直接删除，如图 11.7 所示，此处 posttest（分数）特指均分。

（2）特征内离散值多，合并标签数值相近的离散值，如图 11.8 所示，此处 classroom（教室）特指教室类型。

（3）特征内离散值之间反馈的标签数值差距较大，不做处理，如图 11.9 所示。

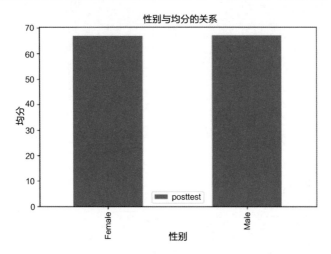

图 11.7　字段'gender'（性别）对于字段'posttest'（分数）差距小

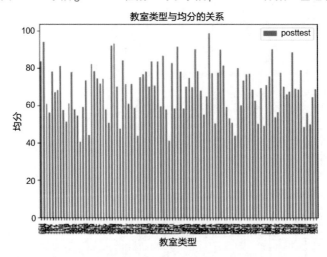

图 11.8　字段'classroom'（教室）特征值过多

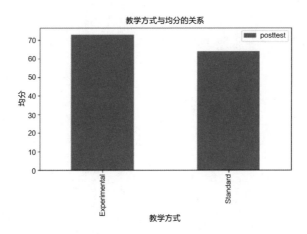

图 11.9　两个特征值对于标签数值差距较大

3）建模与评估

对之前处理的数据进行操作，完成建模与评估，查看最终的预测效果。创建代码 03modeling_evaluation.py，目录结构如图 11.1 所示。建模与评估主要包含以下步骤。

步骤一：导入相关库。

主要导入关于模型处理的库及可以处理回归问题的机器学习模型库。

```python
import numpy as np
import pandas as pd
from sklearn.model_selection import train_test_split, GridSearchCV
from sklearn.preprocessing import OneHotEncoder
from sklearn.linear_model import Lasso, Ridge
from sklearn.tree import DecisionTreeRegressor
from sklearn.ensemble import RandomForestRegressor
from sklearn.neighbors import KNeighborsRegressor
import matplotlib.pyplot as plt
plt.rcParams['font.sans-serif'] = ['SimHei']
import warnings
warnings.filterwarnings('ignore')
```

ML-11-v-004

步骤二：数据处理。

针对之前处理的数据，将其拆分为训练集、测试集，并对离散特征进行独热编码处理。

```python
# 数据操作
df = pd.read_csv('pre1.csv')
# 切分 x、y 数据集
```

```
y = df[['posttest']]
x = df.drop('posttest', 1)
# print(x,y)


# 进行数据集切分
x_train, x_test, y_train, y_test = train_test_split(x, y, test_size=0.2,
random_state=456)


# 独热编码处理
onehot = OneHotEncoder()
x_train_onehot = onehot.fit_transform(x_train).toarray()
x_test_onehot = onehot.transform(x_test).toarray()
```

步骤三：模型调参。

分别使用 L1 正则化、L2 正则化、k-NN、决策树、随机森林模型进行训练，找到最优模型和参数。

```
# L1 正则化
l1 = Lasso()
pg = {'alpha': [0.01, 0.03, 0.05, 0.08, 0.1]}
model = GridSearchCV(l1, pg)
model.fit(x_train_onehot, y_train)
print('L1 正则化模型最优参数为{}'.format(model.best_params_))
print('L1 正则化模型最优得分为{}'.format(model.best_score_))
print('L1 正则化模型预测分数为{}'.format(model.score(x_test_onehot, y_test)))


#################################################


# L2 正则化
l2 = Ridge()
pg = {'alpha': [0.01, 0.03, 0.05, 0.08, 0.1]}
model = GridSearchCV(l2, pg)
model.fit(x_train_onehot, y_train)
print('L2 正则化模型最优参数为{}'.format(model.best_params_))
print('L2 正则化模型最优得分为{}'.format(model.best_score_))
print('L2 正则化模型预测分数为{}'.format(model.score(x_test_onehot, y_test)))
```

```
##################################################

# 决策树
tree = DecisionTreeRegressor()
pg = {'max_depth': [7, 8, 9, 10]}
model = GridSearchCV(tree, pg)
model.fit(x_train_onehot, y_train)
print('决策树模型最优参数为{}'.format(model.best_params_))
print('决策树模型最优得分为{}'.format(model.best_score_))
print('决策树模型预测分数为{}'.format(model.score(x_test_onehot, y_test)))


##################################################

# 随机森林
rf = RandomForestRegressor()
pg = {'max_depth': [6, 7, 8], 'n_estimators': [100, 150, 200]}
model = GridSearchCV(rf, pg, verbose=1)
model.fit(x_train_onehot, y_train)
print('随机森林模型最优参数为{}'.format(model.best_params_))
print('随机森林模型最优得分为{}'.format(model.best_score_))
print('随机森林模型预测分数为{}'.format(model.score(x_test_onehot, y_test)))


##################################################

# k-NN
knn = KNeighborsRegressor()
pg = {'n_neighbors': [5, 6, 7, 8]}
model = GridSearchCV(knn, pg)
model.fit(x_train_onehot, y_train)
print('k-NN 模型最优参数为{}'.format(model.best_params_))
print('k-NN 模型最优得分为{}'.format(model.best_score_))
print('k-NN 模型预测分数为{}'.format(model.score(x_test_onehot, y_test)))
```

运行代码，查看各模型最优参数、最优得分及预测分数，运行结果如图 11.10 所示。可以看出，随机森林模型的效果最好。

```
L1正则化模型最优参数为{'alpha': 0.01}
L1正则化模型最优得分为0.9142084813449098
L1正则化模型预测分数为0.9002868955720162
L2正则化模型最优参数为{'alpha': 0.05}
L2正则化模型最优得分为0.914246912606635
L2正则化模型预测分数为0.900306110142267
[Parallel(n_jobs=1)]: Using backend SequentialBackend with 1 concurrent workers.
决策树模型最优参数为{'max_depth': 10}
决策树模型最优得分为0.9286664800161158
决策树模型预测分数为0.9237871720943632
Fitting 5 folds for each of 9 candidates, totalling 45 fits
[Parallel(n_jobs=1)]: Done  45 out of  45 | elapsed:   15.8s finished
随机森林模型最优参数为{'max_depth': 7, 'n_estimators': 150}
随机森林模型最优得分为0.9287963001463442
随机森林模型预测分数为0.9223679978400781
k-NN模型最优参数为{'n_neighbors': 8}
k-NN模型最优得分为0.9203442659831499
k-NN模型预测分数为0.9069168405253704
```

图 11.10 运行结果

步骤四：选择最优模型，重新建模并评估。

```
# 由模型训练结论可知，随机森林模型的效果最好
# 使用最优参数创建模型，并进行处理
model = RandomForestRegressor(max_depth=8, n_estimators=100)
model.fit(x_train_onehot, y_train)
print('最终模型得分：', model.score(x_test_onehot, y_test))


# 将预测效果可视化
y_ = model.predict(x_test_onehot)
num = len(y_)
plt.plot(np.arange(num), y_, label='预测值')
plt.plot(np.arange(num), np.squeeze(y_test), label='实际值')
plt.legend()
plt.show()
```

运行代码，显示随机森林模型运行结果和测试集可视化评估效果，分别如图 11.11 和图 11.12 所示。

最终模型得分： 0.9241706520003539

图 11.11 随机森林模型运行结果

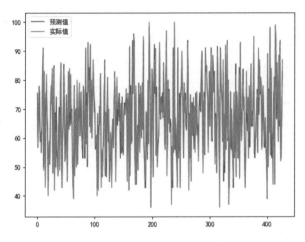

图 11.12　测试集可视化评估效果

4．案例小结

本案例使用离散特征分析回归问题。

对于本案例可以总结出以下经验。

（1）离散特征适宜使用条形图进行分析。

（2）当离散值结果较多时，需要进行合理的合并。

（3）当离散值无明显结果差距时，可以删除该特征。

（4）当离散特征无重复项时，可以删除该特征。

本章总结

- 回归预测是一种常用的数据预测方式，可以用于分数预测、股价预测等连续值的预测操作中。
- 对离散特征进行独热编码处理，可以更好地进行分析。
- 一般情况下，集成学习算法的效果优于单体学习模型。

作业与练习

1．[单选题]df.head()函数的主要作用是（　　　）。

　A．查看数据状态　　　　　　　　　　B．查看是否存在缺失值

    C. 查看数据的方差   D. 查看数据的均值

2. [多选题]可以应用于回归项目预测的算法有（   ）。

    A. 岭回归   B. 决策树

    C. 随机森林   D. k-NN

3. [单选题]在模型处理前对连续字段需要做的预处理是（   ）。

    A. 独热编码   B. 归一化、标准化

    C. 降维   D. 删除字段

4. [单选题]回归最好用的评估指标是（   ）。

    A. R^2（R 方）   B. 准确率

    C. 召回率   D. ROC 曲线

5. [多选题]网格搜索交叉验证中常用的参数有（   ）。

    A. 模型类型   B. 验证折数

    C. 调参参数字典   D. 以上都是

ML-11-c-001

第 *12* 章

自闭症患者预测

本章目标

- 掌握处理数据集字段信息的能力。
- 掌握离散特征对应分类问题的处理方式。
- 掌握数据缺失值、异常值的检测及处理方式。
- 掌握二分类项目的评估方式。

二分类预测是一种常用的数据预测方式，可以用于正误判断、阳性和阴性划分、人脸验证等离散值的预测操作中。

在正常进行数据预测之前，要先对数据进行筛选、分析、预处理、训练、评估操作，才可以将模型训练好，得到良好的预测效果。

本章包含的一个案例如下：

- 自闭症患者预测。

首先，根据提供的数据集信息及特征情况，查看异常值和缺失值，并针对不同特点进行相应处理；然后，根据标签特点分析特征合理性，根据相关情况进行处理，使用不同模型调参计算；最后，用常用二分类评估指标对分类效果进行评价。

12.1 数据集分析

该数据集为自闭症就诊数据集信息。

数据集各字段信息如表 12.1 所示，总计 21 个字段，其中，A1_Score ~ A10_Score 字段为自闭症测试指标，其他特征均为可理解字段。

表 12.1　数据集各字段信息

字段名称	中文释义	数据类型
A1_Score ~ A10_Score	自闭症测试指标	int64
age	年龄	float64
gender	性别	object
ethnicity	种族民族	object
jaundice	黄疸	object
austim	孤独心理	object
country_of_res	居住国	object
used_app_before	之前使用过的应用程序	object
result	结果	float64
age_desc	年龄段	object
relation	与患者关系	object
Class/ASD	分类/自闭症	object

12.2　案例实现——自闭症患者预测

1. 案例目标

（1）掌握数据缺失值、异常值的检测及处理方式。

（2）掌握分类问题特征关联性分析方式。

（3）掌握二分类模型调参及评估处理方式。

2. 案例环境

案例环境如表 12.2 所示。

表 12.2　案例环境

硬件	软件	资源
PC 或 AIX-EBoard 人工智能实验平台	Ubuntu 18.04/Windows 10 NumPy 1.21.6 pandas 1.3.5 matplotlib 3.5.1 sklearn 0.20.3 Python 3.7.3	autism_screening.csv

3. 案例步骤

本案例分为三部分，分别是数据过滤、数据预处理、建模与评估，编写三段代码以完成案例的三部分。

1）数据过滤

该部分主要对数据集进行查看，以确定是否存在脏数据、异常值、缺失值等，并将处理后的数据用于后续处理。

创建代码 01data_filter.py，目录结构如图 12.1 所示。数据过滤主要包含以下步骤。

步骤一：初步数据查看。

📁 chapter-12
 📄 01data_filter.py
 📄 02feature_processing.py
 📄 03modeling_evaluation.py
 📄 autism_screening.csv
 📄 pre.csv
 📄 pre1.csv

图 12.1　目录结构

```python
import numpy as np
import pandas as pd
pd.set_option('display.max_columns', None)

df = pd.read_csv('autism_screening.csv')
print(df.head())
print(df.info())
print(df.describe())
```

ML-12-v-001

运行代码，查看运行效果。从 df.head()函数的输出效果可以看出，'ethnicity'等字段中出现"?"数据（未知数据），如图 12.2 所示，后续需要对其进行替换，按照缺失值进行处理。

```
   A8_Score  A9_Score  A10_Score   age gender        ethnicity jaundice austim  \
0         1         0          0  26.0      f   White-European       no     no
1         1         0          1  24.0      m           Latino       no    yes
2         1         1          1  27.0      m           Latino      yes    yes
3         1         0          1  35.0      f   White-European       no    yes
4         1         0          0  40.0      f                ?       no     no

  country_of_res used_app_before  result     age_desc relation Class/ASD
0  United States              no     6.0  18 and more     Self        NO
1         Brazil              no     5.0  18 and more     Self        NO
2          Spain              no     8.0  18 and more   Parent       YES
3  United States              no     6.0  18 and more     Self        NO
4          Egypt              no     2.0  18 and more        ?        NO
```

图 12.2　部分字段出现未知数据

从 df.info()函数的输出效果可以看出，字段'age'出现缺失值，如图 12.3 所示。

从 df.describe()函数的输出效果可以看出，字段'age'的最大值为 383，出现异常值，如图 12.4 所示。

```
4    A5_Score           704 non-null      int64
5    A6_Score           704 non-null      int64
6    A7_Score           704 non-null      int64
7    A8_Score           704 non-null      int64
8    A9_Score           704 non-null      int64
9    A10_Score          704 non-null      int64
10   age                702 non-null      float64
11   gender             704 non-null      object
12   ethnicity          704 non-null      object
13   jaundice           704 non-null      object
14   austim             704 non-null      object
15   country_of_res     704 non-null      object
16   used_app_before    704 non-null      object
17   result             704 non-null      float64
18   age_desc           704 non-null      object
19   relation           704 non-null      object
20   Class/ASD          704 non-null      object
dtypes: float64(2), int64(10), object(9)
memory usage: 115.6+ KB
```

图 12.3　字段'age'出现缺失值

```
        A7_Score    A8_Score    A9_Score    A10_Score         age      result
count 704.000000  704.000000  704.000000  704.000000  702.000000  704.000000
mean    0.417614    0.649148    0.323864    0.573864   29.698006    4.875000
std     0.493516    0.477576    0.468281    0.494866   16.507465    2.501493
min     0.000000    0.000000    0.000000    0.000000   17.000000    0.000000
25%     0.000000    0.000000    0.000000    0.000000   21.000000    3.000000
50%     0.000000    1.000000    0.000000    1.000000   27.000000    4.000000
75%     1.000000    1.000000    1.000000    1.000000   35.000000    7.000000
max     1.000000    1.000000    1.000000    1.000000  383.000000   10.000000
```

图 12.4　字段'age'出现异常值

步骤二：异常值、缺失值处理。

对数据中的未知数据按照缺失值进行处理，字段'age'中缺失值较少，使用中位数进行填充，将字段'age'中大于 100 的所有数据删除。

```
df.replace('?', np.NaN, inplace=True)
#查看每个字段的缺失比例，缺失列有 age,ethnicity,relation
print(df.isnull().sum()/df.shape[0])
# 字段'age'中的缺失值较少，直接使用中位数进行填充
df['age'].replace(np.NaN, df['age'].median(), inplace=True)


# 字段'age'中的最大值为 383，383 属于异常值，将字段'age'中大于 100 的数据删除
df = df[df['age']<=100]


df.to_csv('pre.csv', index=None)
```

运行代码，可保存临时处理文件 pre.csv 作为后续处理应用数据集。

2）数据预处理

通过绘制图像分析离散特征和标签之间的关系，并对特征字段进行相应的处理，为方便后续建模与评估，创建代码 02feature_processing.py，目录结构如图 12.1 所示。数据预处理主要包含以下步骤。

步骤一：初步数据查看。

调用上一段代码输出的 csv 文件，检查信息。

ML-12-v-002

```python
import pandas as pd
pd.set_option('display.max_columns', None)
import matplotlib.pyplot as plt
plt.rcParams['font.sans-serif'] = ['SimHei']

# 进行查看
df = pd.read_csv('pre.csv')
# print(df.head())
```

步骤二：特征数据分析。

```python
# 默认 A1_Score~A10_Score 对抑郁症的排查有作用
# 将其他特征按照离散值的方式进行处理、查看，分析数据结果
# 为了避免代码重复，使用函数进行特征数据分析
def feature_to_plot(column):
    # 针对当前特征，分析是否患病对应的比例
    s0 = df[column][df['Class/ASD'] == 'YES'].value_counts()
    s1 = df[column][df['Class/ASD'] == 'NO'].value_counts()
    # 进行可视化处理
    df1 = pd.DataFrame({u'患病': s0, u'未患病': s1})
    df1.plot(kind='bar')
    plt.title("{}对于患病分析".format(column))
    plt.xlabel(column)
    plt.ylabel("人数")
    plt.show()

feature_columns = ['age', 'gender', 'ethnicity',
                   'jaundice', 'austim', 'country_of_res',
                   'used_app_before', 'result',
                   'age_desc', 'relation']

for i in feature_columns:
    feature_to_plot(i)
```

运行代码，显示特征与标签之间的关系，常见以下几种分布图。

（1）图 12.5 所示为标准字段（图中，f 表示女性，m 表示男性），特征较少，且与标签之间差距明显。

（2）图 12.6 所示为数值较多的字段，特征较多，部分特征与标签差距小。

（3）图 12.7 所示为单数值字段，只有一个特征值，无法合理表达与标签之间的关系。

（4）图 12.8 所示为关联性强的字段，特征可以明确表达结果，且具有强关联性，需要去除。

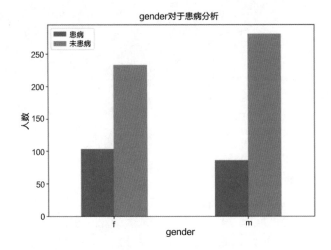

图 12.5　标准字段

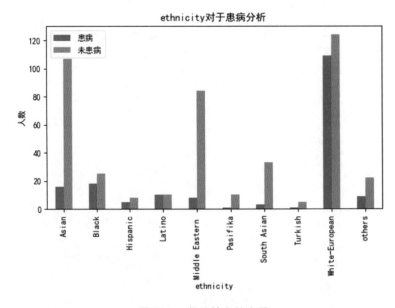

图 12.6　数值较多的字段

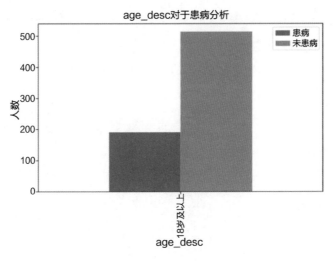

图 12.7　单数值字段

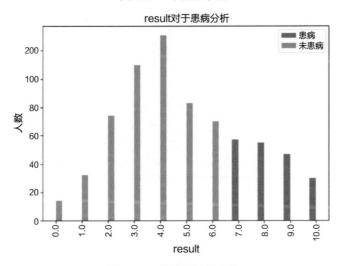

图 12.8　关联性强的字段

步骤三：对特征较少字段进行处理。

```
# 字段'age'的数值分布情况好, 后续将其作为连续特征处理

# gender, jaundice, asustim, used_app_before
# 以下四个字段的数值少, 分层明显, 直接处理数据即可
df['gender'] = df['gender'].map({'f': 0, 'm': 1})
df['jaundice'] = df['jaundice'].map({'no': 0, 'yes': 1})
df['austim'] = df['austim'].map({'no': 0, 'yes': 1})
```

```
df['used_app_before'] = df['used_app_before'].map({'no': 0, 'yes': 1})
```

步骤四：对特征较多字段进行处理。

```
# ethnicity, country_of_res, relation
# 两个字段数值多，需要对部分字段进行合并处理
```

ML-12-v-003

```
# 字段'ethnicity'中有三个数值，分别指患病率较高、患病率中等、患病率较低
def fn_ethnicity(x):
    if x == 'Black' or x == 'Hispanic' or x == 'White-European':
        return 0
    elif x == 'Latino' or x == 'Others':
        return 1
    else:
        return 2
df['ethnicity'] = df['ethnicity'].map(fn_enthnicity)


# 字段'country_of_res'中有两个数值，分别指患病率较高、患病率较低
def fn_country_of_res(x):
    if x in ['Australia','Canada',
            'United States','United Kingdom','France', 'Brazil']:
        return 0
    else:
        return 1
df['country_of_res'] = df['country_of_res'].map(fn_country_of_res)


# 字段'relation'中有三个数值，按照信息比例划分
def fn_relation(x):
    if x == 'Self':
        return 0
    elif x == 'Parent' or x == 'Relative':
        return 1
    else:
        return 2
df['relation'] = df['relation'].map(fn_relation)
```

步骤五：对其他字段进行处理。

```
# 字段'result'没有预测指导性
# 字段'age_desc'中只有一个数值
```

```
# 对以上两个字段进行删除处理
del df['result']
del df['age_desc']

# 对标签进行处理
df['Class/ASD'] = df['Class/ASD'].map({'YES': 1, 'NO': 0})

df.to_csv('pre1.csv', index=None)
```

运行代码，可保存临时处理文件 pre1.csv 作为后续处理应用数据集。

3）建模与评估

对之前处理的数据进行操作，完成建模与评估，查看最终的预测效果。创建代码 03modeling_evaluation.py，目录结构如图 12.1 所示。建模与评估主要包含以下步骤。

步骤一：导入相关库。

主要导入关于模型处理库及可以处理二分类问题的机器学习模型库和评估指标模块。

```
import numpy as np
import pandas as pd
pd.set_option('display.max_columns', None)
import matplotlib.pyplot as plt
plt.rcParams['font.sans-serif'] = ['SimHei']
from sklearn.preprocessing import StandardScaler, OneHotEncoder
from sklearn.model_selection import train_test_split, GridSearchCV
from sklearn.linear_model import LogisticRegression
from sklearn.neighbors import KNeighborsClassifier
from sklearn.tree import DecisionTreeClassifier
from sklearn.ensemble import RandomForestClassifier
from sklearn.metrics import classification_report, confusion_matrix,
roc_auc_score, roc_curve
import warnings
warnings.filterwarnings('ignore')
```

ML-12-v-004

步骤二：数据处理。

针对之前处理的数据，将其拆分为训练集、测试集，并对特征进行标准化、独热编码处理。

```
df = pd.read_csv('pre1.csv')

y = df[['Class/ASD']]
x = df.drop('Class/ASD', 1)
```

```
    x_train, x_test, y_train, y_test = train_test_split(x, y, test_size=0.2,
random_state=324)

    # 对字段'age'的特征进行标准化处理
    std = StandardScaler()
    x_std_train = std.fit_transform(x_train[['age']])
    x_std_test = std.transform(x_test[['age']])

    # 将离散值转换为独热编码形式
    onehot = OneHotEncoder()
    x_label_train = x_train.drop('age', 1)
    x_label_test = x_test.drop('age', 1)
    x_onehot_train = onehot.fit_transform(x_label_train).toarray()
    x_onehot_test = onehot.transform(x_label_test).toarray()

    # 拼接处理后的连续值和离散值
    x_train = np.c_[x_std_train, x_onehot_train]
    x_test = np.c_[x_std_test, x_onehot_test]
```

步骤三：模型调参。

分别使用逻辑回归、k-NN、决策树、随机森林模型进行训练，找到最优模型和参数。

```
    # 模型调参
    # 创建模型调参函数，简化代码
    def adjust_model(estimator, param_grid, model_name):
        model = GridSearchCV(estimator, param_grid)
        model.fit(x_train, y_train)
        print('{}模型最优得分：'.format(model_name), model.best_score_)
        print('{}模型最优参数：'.format(model_name), model.best_params_)


    lr = LogisticRegression()
    pg = {'C': [1, 2, 5, 10, 20, 50]}
    adjust_model(lr, pg, '逻辑回归')


    knn = KNeighborsClassifier()
    pg = {'n_neighbors': [3, 4, 5, 6, 7]}
    adjust_model(knn, pg, 'k-NN')
```

```
dt = DecisionTreeClassifier()
pg = {'max_depth': [3, 4, 5, 6]}
adjust_model(dt, pg, '决策树')

rf = RandomForestClassifier()
pg = {'max_depth': [3, 4, 5, 6],
      'n_estimators':[50, 100, 150, 200]}
adjust_model(rf, pg, '随机森林')
```

运行代码，查看各模型最优得分及最优参数，运行结果如图 12.9 所示。可以看出，逻辑回归模型的效果最好。

逻辑回归模型最优得分：　1.0
逻辑回归模型最优参数：　{'C': 5}
k-NN模型最优得分：　0.9430151706700378
k-NN模型最优参数：　{'n_neighbors': 4}
决策树模型最优得分：　0.8986251580278128
决策树模型最优参数：　{'max_depth': 3}
随机森林模型最优得分：　0.9448798988621997
随机森林模型最优参数：　{'max_depth': 6, 'n_estimators': 50}

图 12.9　运行结果

步骤四：选择最优模型，重新建模并评估。

```
# 模型评估
lr = LogisticRegression(C=5)
lr.fit(x_train, y_train)
y_ = lr.predict(x_test)
print('分类报告：\n', classification_report(y_test, y_))
print('混淆矩阵：\n', confusion_matrix(y_test, y_))

# 求预测类别概率，用于 roc 计算
y_pre = lr.predict_proba(x_test)[:, 1]
roc_score = roc_auc_score(y_test, y_pre)
fpr, tpr, th = roc_curve(y_test, y_pre)
plt.plot(fpr, tpr)
plt.title('ROC 曲线得分{}'.format(roc_score))
plt.show()
```

运行代码，显示分类报告、混淆矩阵和测试集可视化评估效果，分别如图 12.10 和图 12.11 所示。在图 12.11 中，横坐标代表 FPR，纵坐标代表 TPR。

分类报告：

	precision	recall	f1-score	support
0	1.00	1.00	1.00	98
1	1.00	1.00	1.00	43
accuracy			1.00	141
macro avg	1.00	1.00	1.00	141
weighted avg	1.00	1.00	1.00	141

混淆矩阵：
[[98 0]
 [0 43]]

图 12.10　分类报告、混淆矩阵

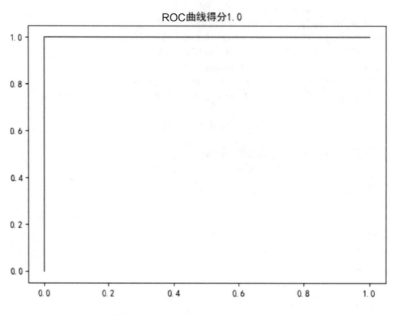

图 12.11　测试集可视化评估效果

4. 案例小结

本案例使用数据集分析二分类预测结果。

对于本案例可以总结出以下经验。

（1）对分类结果可以使用可视化方式进行分析。

（2）缺失值需要及时处理，以免模型报错。

（3）当离散值较多时，可以合并类似信息。

（4）ROC 曲线可以很好地表达二分类模型效果。

本章总结

- 二分类预测是一种常用的数据预测方式，可以用于正误判断、阳性和阴性划分、人脸验证等离散值的预测操作中。
- 二分类不仅要看准确率，还要分析精确率和召回率。

作业与练习

1．[单选题]当缺失值的占比较少时，可以使用的处理方式为（　　　）。

  A．填充中值、均值等

  B．删除缺失字段

  C．使用其他数据预测缺失值

  D．将缺失字段升维处理

2．[多选题]二分类常用的评估指标有（　　　）。

  A．ROC 曲线　　　　　　　　　　B．AUC

  C．MSE　　　　　　　　　　　　D．准确率

3．[单选题]ROC 曲线参数中的 y_score 指的是（　　　）。

  A．测试集预测的结果值　　　　　　B．训练集预测的结果值

  C．测试集预测的负样本概率　　　　D．测试集预测的正样本概率

4．[单选题]关于混淆矩阵，说法错误的是（　　　）。

  A．有几个类别就有几行数据

  B．主对角线上的数值是错误的数据

  C．混淆矩阵上没有得分信息

  D．除了主对角线，其他位置的数值越接近 0，效果越好

5．[多选题]在（　　　）的情况下，离散字段的数值需要合并。

  A．数值差距大

  B．数值对标签反馈的比例相近

  C．离散值数量过多

  D．离散值数量较少

ML-12-c-001

第 *13* 章

淘宝用户价值分析

本章目标

- 掌握挖掘数据集字段信息的能力。
- 掌握利用 *k*-Means 算法进行聚类处理的方法。
- 掌握 RFM 模型的应用方法。
- 熟悉雷达图的绘制方法。

用户价值分析是电商平台常用的数据处理方式，可以根据用户的行为来评判商品的价值趋势及用户的情况，从而可以更好地对商品进行调整，并对不同状态的用户进行不同的优惠促销，从而提升营销收益。

本章除了针对字段进行处理，还用 RFM 模型对用户类别进行了分析，并使用雷达图对用户数据进行更好的体现。

本章包含的一个案例如下：

- 淘宝用户价值分析。

对提供的真实淘宝数据进行分析，处理字段中的重要信息，转化为项目中实用的数据字段。使用 *k*-Means 算法进行用户价值归类，使用雷达图对用户的特性进行体现，并根据雷达图得出相关结论。

13.1 数据集分析

网购已经成为人们生活中不可或缺的一部分。本案例基于淘宝 App 数据，对用户行为进行分析，从而探索用户的潜在价值。

该数据集包含 2014 年 11 月 18 日与 2014 年 12 月 18 日之间淘宝 App 一个月内的用户行为数据。该数据集有 12 256 906 条记录，共 6 行数据，如表 13.1 所示。

表 13.1　数据集各字段信息

字段名称	中文释义	数据类型	备注
user_id	用户 ID	int	非唯一值
item_id	商品 ID	int	非唯一值
behavior_type	行为类型	int	1. 点击网页 2. 收藏商品 3. 加入购物车 4. 购买支付
user_geohash	用户位置	object	有缺失信息
item_category	商品类别	int	非唯一值
time	用户行为发生的时间	object	无

13.2　RFM 模型

在产品迭代过程中，通常需要根据用户的属性进行归类，也就是通过分析数据，对用户进行归类处理，以便在推送及转化过程中获得更大的收益。

RFM（Recency，Frequency，Monetary）模型各部分的意义如下：

（1）R（Recency）代表用户最近一次交易与当前时间的间隔。R 值越大，表示用户交易发生的日期越久；反之，则表示用户交易发生的日期越近。

（2）F（Frequency）代表用户近期交易频数。F 值越大，表示用户交易越频繁；反之，则表示用户交易不够活跃。

（3）M（Monetary）代表用户近期交易金额。M 值越大，表示用户价值越高；反之，则表示用户价值越低。

RFM 模型分析是根据用户活跃程度和交易金额的贡献进行用户价值细分的一种方法，如图 13.1 所示，该模型可以将用户价值划分为 8 种。

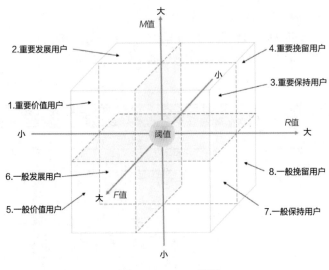

图 13.1　RFM 模型

13.3　雷达图

　　雷达图是通过多个离散属性比较对象的最直观的工具，掌握绘制雷达图的方法将会给数据分析带来更直观的体验和分析效果。图 13.2 展示的是一张关于学生成绩表述的雷达图。该图可以明确地表示学生的学习成绩，是一种非常好用的可视化图表形式。雷达图的具体绘制处理方式见后续代码。

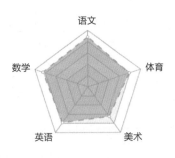

图 13.2　雷达图

13.4　案例实现——淘宝用户价值分析

1. 案例目标

（1）掌握字段类型的区分方式。
（2）掌握 k-Means 算法的实际应用方法。
（3）熟悉雷达图的绘制方法。

2. 案例环境

案例环境如表 13.2 所示。

表 13.2　案例环境

硬件	软件	资源
PC 或 AIX-EBoard 人工智能实验平台	Ubuntu 18.04/Windows 10 NumPy 1.21.6 pandas 1.3.5 matplotlib 3.5.1 sklearn 0.20.3 Python 3.7.3	taobao2014.csv

3. 案例步骤

本案例分为三部分，分别是数据过滤、数据预处理、建模与评估，编写三段代码以完成案例的三部分。

1）数据过滤

该部分主要对数据集进行查看，以 RFM 模型相关理论为依据，对数据进行处理。

创建代码 01data_filter.py，目录结构如图 13.3 所示。数据过滤主要包含以下步骤。

chapter-13
　01data_filter.py
　02feature_processing.py
　03modeling_evaluation.py
　pre.csv
　pre1.csv
　taobao2014.csv

图 13.3　目录结构

步骤一：初步数据查看。

```python
import pandas as pd
pd.set_option('display.max_columns', None)
import warnings
warnings.filterwarnings('ignore')

df = pd.read_csv('taobao2014.csv')

print(df.info())
print(df.head())
print(df.describe())
```

ML-13-v-001

运行代码，由于数据量过大，通过 df.info() 函数无法明确数据中是否存在缺失值，其输出效果如图 13.4 所示。

通过 df.head() 函数的输出效果（见图 13.5）可以看出，字段'user_geohash'有异常值，具体数量不详。

通过 df.describe() 函数查看，无异常值。

```
<class 'pandas.core.frame.DataFrame'>
RangeIndex: 12256906 entries, 0 to 12256905
Data columns (total 6 columns):
 #   Column         Dtype
---  ------         -----
 0   user_id        int64
 1   item_id        int64
 2   behavior_type  int64
 3   user_geohash   object
 4   item_category  int64
 5   time           object
dtypes: int64(4), object(2)
memory usage: 561.1+ MB
None
```

图 13.4　df.info()函数的输出效果

```
     user_id      item_id  behavior_type  user_geohash  item_category  \
0   98047837    232431562              1           NaN           4245
1   97726136    383583590              1           NaN           5894
2   98607707     64749712              1           NaN           2883
3   98662432    320593836              1       96nn52n           6562
4   98145908    290208520              1           NaN          13926

             time
0   2014-12-06 02
1   2014-12-09 20
2   2014-12-18 11
3   2014-12-06 10
4   2014-12-16 21
```

图 13.5　df.head()函数的输出效果

步骤二：初步数据处理。

```
# 初步数据处理
# 数据量较大，查看存在缺失值的字段
print('各列缺失值所占比例：\n', df.isnull().sum()/df.shape[0])
# 根据 RFM 模型，将字段'time'的信息拆解处理，用于后续处理
df["date"] = df['time'].str[0:-3]
```

运行代码，可以查看各列缺失值所占比例，如图 13.6 所示，可见字段'user_geohash'的缺失值极多，超过数据量的半数。

各列缺失值所占比例:
```
 user_id            0.00000
item_id             0.00000
behavior_type       0.00000
user_geohash        0.68001
item_category       0.00000
time                0.00000
dtype: float64
```

图 13.6　各列缺失值所占比例

步骤三：删除无用字段，并保存处理后的数据。

```python
# 考虑到字段'user_geohash'中缺失值所占比例较大，直接将该字段删除
del df['user_geohash']
# 字段'time'已经使用完毕，将其删除
del df['time']
# 字段'item_id'、'item_category'对于当前预测无用，直接将两者删除
del df['item_id']
del df['item_category']

df.to_csv('pre.csv', index=None)
```

运行代码，可保存临时处理文件 pre.csv 作为后续处理应用数据集。

2）数据预处理

针对现有字段进行挖掘，获取符合 RFM 关联字段的信息。创建代码 02feature_ processing.py，目录结构如图 13.3 所示。数据预处理主要包含以下步骤。

步骤一：初步数据查看。

```python
import pandas as pd
pd.set_option('display.max_columns', None)
import matplotlib.pyplot as plt
plt.rcParams["font.family"] = ["SimHei"]
plt.rcParams["axes.unicode_minus"] = False
from datetime import datetime
import warnings
warnings.filterwarnings('ignore')

df = pd.read_csv('pre.csv')
print(df.info())
```

ML-13-v-002

运行代码，得到当前数据集字段信息，如图 13.7 所示。

```
<class 'pandas.core.frame.DataFrame'>
RangeIndex: 12256906 entries, 0 to 12256905
Data columns (total 3 columns):
 #   Column         Dtype
---  ------         -----
 0   user_id        int64
 1   behavior_type  int64
 2   date           object
dtypes: int64(2), object(1)
memory usage: 280.5+ MB
None
```

图 13.7 字段信息

步骤二：统计访问该网页的用户状态。

```
# 统计访问该网页的用户状态
type_1 = df[df['behavior_type']==1]["user_id"].count()
type_2 = df[df['behavior_type']==2]["user_id"].count()
type_3 = df[df['behavior_type']==3]["user_id"].count()
type_4 = df[df['behavior_type']==4]["user_id"].count()
plt.pie(
    [type_1, type_2, type_3, type_4],
    autopct='%1.1f%%',
    labels=['访问用户', '收藏用户', '购物车用户', '购买用户']
)
plt.legend()
plt.show()
```

运行代码，可以查看不同状态用户所占比例，如图 13.8 所示。购买用户仅占全部用户的 1.0%，符合常规电商商品的销售特点。

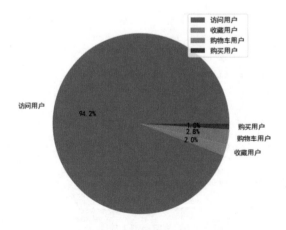

图 13.8 不同状态用户所占比例

步骤三：对 RFM 关联字段进行处理。

```python
# 将数据信息修改为时间类型并处理
df["date"] = pd.to_datetime(df["date"])


# 真正要研究的用户是购买用户，需对其进行处理、分析
# 查找全部购买用户，用 groupby 函数完成去重处理
df1 = df[df['behavior_type']==4].groupby('user_id')['date']


# 获取每个用户最近一次购买商品距离当前的时间（天）
# 设置函数，用于计算最后一次购买商品的时间
# 输入值为每个用户的购买时间
# 输出值为最近一次购买商品的时间
def fn(x):
    # 最近一次购买商品的时间
    before = x.sort_values().iloc[-1]
    # 将当前时间设置为 2014 年 12 月 19 日
    now = datetime(2014, 12, 19)
    recent_day = now - before
    return recent_day.days


recent = pd.DataFrame(df1.apply(fn)).\
    reset_index().rename(columns={'date': 'recent'})


# 获取每个用户最早购买商品距离当前的时间（天）
def fn1(x):
    # 最近一次购买商品的时间
    old = x.sort_values().iloc[0]
    # 将当前时间设置为 2015 年 1 月 1 日
    now = datetime(2015, 1, 1)
    recent_day = now - old
    return recent_day.days


old = pd.DataFrame(df1.apply(fn1)).\
    reset_index().rename(columns={'date': 'old'})


# 获取每个用户购买商品的频率
freq = pd.DataFrame(df1.count()).\
    reset_index().rename(columns={'date': 'freq'})
```

```
# 将数据合并，用于后续处理
df2 = pd.merge(old, recent, on="user_id")
df2 = pd.merge(df2, freq, on="user_id")

df2.to_csv('pre1.csv', index=None)
```

运行代码，可保存临时处理文件 pre1.csv 作为后续处理应用数据集。

3）建模与评估

对之前处理的数据进行 *k*-Means 算法聚类操作，并根据实际结果进行分析和处理。创建代码 03modeling_evaluation.py，目录结构如图 13.3 所示。建模与评估主要包含以下步骤。

步骤一：数据展示。

```
import numpy as np
np.random.seed(123)
import pandas as pd
pd.set_option('display.max_columns', None)
import matplotlib.pyplot as plt
plt.rcParams["font.family"] = ["SimHei"]
plt.rcParams["axes.unicode_minus"] = False
from sklearn.preprocessing import StandardScaler
from sklearn.cluster import KMeans
from sklearn.metrics import silhouette_score
import warnings
warnings.filterwarnings('ignore')

df = pd.read_csv('pre1.csv', index_col='user_id')
print(df.head())
```

ML-13-v-003

运行代码，显示前 5 行数据信息，如图 13.9 所示。第 2～4 列数据分别代表最早购买商品距离当前的天数，最近一次购买商品距离当前的天数，以及购买频数。

步骤二：采用 *k*-Means 算法对数据进行聚类处理。

	old	recent	freq
user_id			
4913	31	3	6
6118	15	2	1
7528	40	6	6
7591	37	6	21
12645	35	5	8

图 13.9　前 5 行数据信息

```
# 特征缩放处理
x = StandardScaler().fit_transform(df)
# 使用 k-Means 算法配合手肘法、轮廓系数法查找最佳 k 值
# 手肘法参数
```

```
sse = []
# 轮廓系数法参数
ss = []
# 分别查看 k 从 2 到 9 的不同效果
for k in range(2, 10, 1):
    model = KMeans(k)
    model.fit(x)
    label = model.predict(x)
    sse.append(model.inertia_)
    ss.append(silhouette_score(x, label))

plt.plot(range(2, 10, 1), sse)
plt.title('手肘法效果')
plt.show()

plt.plot(range(2, 10, 1), ss)
plt.title('轮廓系数法效果')
plt.show()
```

运行代码，可以得到手肘法效果（见图 13.10）和轮廓系数法效果（见图 13.11）。由此分析，当 k 为 4 时，评分数值较高。

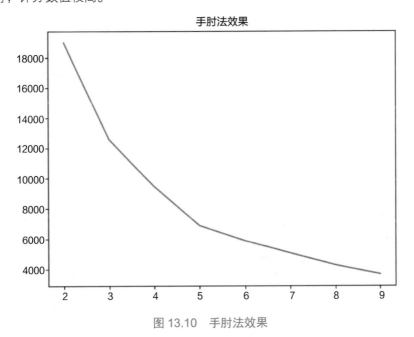

图 13.10　手肘法效果

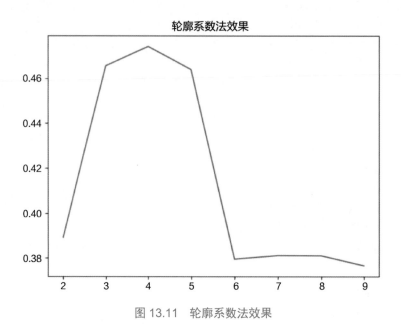

图 13.11 轮廓系数法效果

步骤三：利用雷达图分析最佳 *k* 值。

```
# 根据手肘法和轮廓系数法对最优参数进行分析
# k 分别取 3、4、5 时，查看雷达图效果
for k in (3, 4, 5):
    model = KMeans(k)
    model.fit(x)
    # 简单打印结果
    r1 = pd.Series(model.labels_).value_counts() #统计各个类别的数目
    r2 = pd.DataFrame(model.cluster_centers_) #找出质心
    # 找出所有簇中心坐标值中的最大值和最小值
    max = r2.values.max()
    min = r2.values.min()
    r = pd.concat([r2, r1], axis = 1) #横向连接（0是纵向），得到质心对应类别下的数目
    r.columns = list(df.columns) + [u'类别数目'] #重命名表头

    # 绘图
    fig=plt.figure(figsize=(15, 12))
```

```
    ax = fig.add_subplot(111, polar=True)
    center_num = r.values
    feature = ['最早购买商品的时间', '最近一次购买商品的时间', '购买频数']
    N =len(feature)
    for i, v in enumerate(center_num):# 枚举 3
        # 设置雷达图的角度，用于平分切开一个圆面
        angles=np.linspace(0, 2*np.pi, N, endpoint=False)
        # 为了使雷达图一圈封闭起来，需要执行以下步骤
        center = np.concatenate((v[:-1],[v[0]]))
        angles=np.concatenate((angles,[angles[0]]))
        # 绘制折线图
        ax.plot(angles, center, 'o-', linewidth=2, label = "第%d 簇人群,%d 人
"% (i+1,v[-1]))
        # 填充颜色
        ax.fill(angles, center, alpha=0.25)
        # 添加每个特征的标签
        ax.set_thetagrids(angles * 180/np.pi,
                    np.concatenate((feature,[feature[0]])), fontsize=15)
        # 设置雷达图的范围，可以显示全部数据
        ax.set_ylim(min-0.1, max+0.1)
        # 添加标题
        plt.title('用户群特征分析图', fontsize=20)
        # 添加网格线
        ax.grid(True)
        # 设置图例
        plt.legend(fontsize=15)

    # 显示图形
    plt.show()
```

　　运行代码，分别查看 *k*=3、*k*=4、*k*=5 时的雷达图效果（见图 13.12、图 13.13、图 13.14）。根据雷达图效果，当 *k*=4 时，4 个簇之间的差别值较大，可以很好地表达各个簇的特点。根据 **RFM** 模型的概念，第 1 簇人群代表的是重要发展用户，第 2 簇人群代表的是一般挽留用户，第 3 簇人群代表的是一般发展用户，第 4 簇人群代表的是重要保持用户。

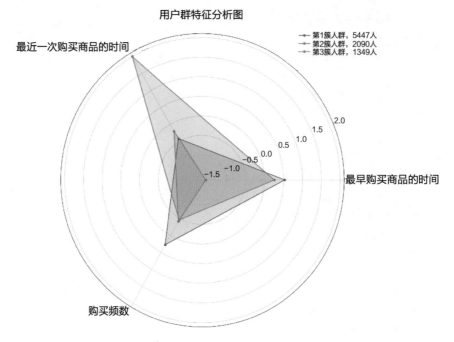

图 13.12 *k*=3 时的雷达图效果

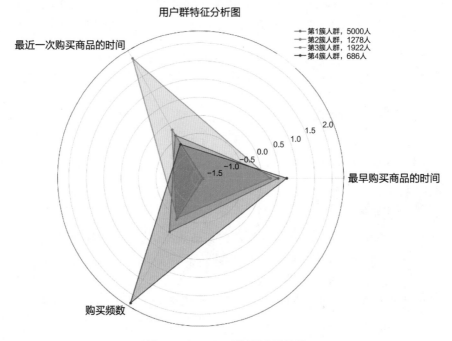

图 13.13 *k*=4 时的雷达图效果

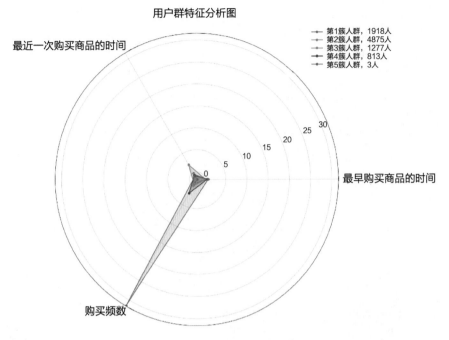

图 13.14　k=5 时的雷达图效果

步骤四：绘图预处理。

```
# 统计各个簇的人群信息，方便绘图分析
model = KMeans(4)
model.fit(x)
r1 = pd.Series(model.labels_).value_counts() # 统计各个类别的数目
print(r1)
```

运行代码，显示 k=4 时聚类运行的效果，如图 13.15 所示。

步骤五：可视化用户的占比。

ML-13-v-004

```
dataCount = r1
labels = ['重要发展用户', '一般发展用户', '一般挽留用户', '重要保持用户']
dataLenth = len(labels)
fig = plt.figure(figsize=(12,12))

#子图1 柱形图
ax1 = fig.add_subplot(2,1,1)
plt.bar(range(dataLenth),dataCount,width=0.5)
plt.xlabel("用户类别")
plt.ylabel("用户数量")
```

```
3    4996
2    1923
0    1277
1     690
dtype: int64
```

图 13.15　k=4 时聚类运行的效果

```
plt.xticks(range(dataLenth),labels)
plt.title("用户群数量分布")

#子图2 饼图
ax2 = fig.add_subplot(2,1,2)
explode = [0.01]*dataLenth
plt.pie(dataCount,explode,labels=labels,autopct="%1.1f%%")
plt.title("用户群数量占比")

#保存并显示
plt.show()
```

运行代码，显示用户价值比例可视化效果（见图 13.16），可以看出，重要发展用户的占比超过 50%，由此分析，该商店运行状态良好，有极大的提升空间。

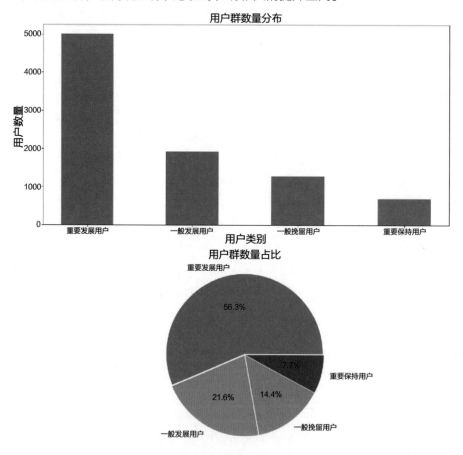

图 13.16　用户价值比例可视化效果

4. 案例小结

本案例使用数据集进行用户价值分析。

对于本案例可以总结出以下经验。

（1）使用字段'date'（日期）可以进行更多的处理、分析操作，挖掘出更多的数据信息。

（2）在本案例中，对一些字段信息还没有进行处理、分析，数据分析效果还没有得到最优效果。

（3）在使用 k-Means 算法进行聚类处理的过程中，需要根据雷达图效果得到更加合理的聚类效果。

（4）用户价值分析可以根据 RFM 模型理论对字段进行处理，能很好地总结出用户的状态特点。

本章总结

- 用户价值分析可以利用 RFM 模型理论得到很好的处理效果。
- k-Means 算法聚类效果的优劣可以根据肘部法、轮廓系数法及雷达图进行判别。
- 遇到时间字段信息可以进行深耕处理，以获取更有用的数据字段并进行处理。

作业与练习

1．[单选题]聚类算法可以应用的处理场景有（　　　）。

　　A．房屋售价预测　　B．物品分类　　　　C．用户价值分析　　D．图片压缩

2．[多选题]可以进行聚类效果评估的方式有（　　　）。

　　A．肘部法　　　　　B．轮廓系数法　　　C．雷达图　　　　　D．网格搜索交叉验证

3．[单选题]在对数据进行 k-Means 算法处理之前，需要先进行（　　　）。

　　A．降维处理　　　　　　　　　　　　B．标准化、归一化处理

　　C．独热编码处理　　　　　　　　　　D．以上都有

4．[单选题]日期类型数据可以采用的处理方式有（　　　）。

　　A．直接删除　　　　　　　　　　　　B．获取时间信息进行分析

　　C．无实际作用　　　　　　　　　　　D．以上都不对

5．[多选题]RFM 模型中的三个字母分别指的是（　　　）。

　　A．最近一次交易与当前时间的间隔　　B．近期交易频数

　　C．近期交易金额　　　　　　　　　　D．最早交易时间

ML-13-c-001

第 *14* 章

耳机评论情感预测

本章目标

- 掌握处理数据集字段信息的能力。
- 掌握文本类型数据分词、词频统计方式。
- 掌握类别不平衡问题的处理方式。
- 熟悉降维处理的操作场景。

文本情感分析、预测是一种常用的机器学习项目处理场景，需要剖析文本内容中的关键信息，用于更好地分析及理解内容。

在正常进行数据预测之前，需要对数据进行筛选、分析、预处理、训练、评估操作，才可以将模型训练好，得到良好的预测效果。

本章包含的一个案例如下：

- 耳机评论情感预测。

根据提供的耳机评论信息，分析评论内容的情感表达，包含正面情绪、负面情绪及无情绪三种，需要通过数据集进行文本内容分词及词频处理，并对结果进行降维处理，同时需要根据数据集标签特点对类别不平衡问题进行处理。

14.1 数据集分析

耳机大家坛网站是一个公开的耳机使用体验论坛，本章所使用的数据集就是从该网站收集的，并基于规则进行了简单的评论情感分类。

数据集各字段信息如表 14.1 所示，总计 5 个字段。

表 14.1　数据集各字段信息

字段名称	中文释义	数据类型
content_id	内容 ID	int64
content	评论内容	object
subject	评论主题	object
sentiment_word	关键词	object
sentiment_value	情感价值，[-1, 0, 1] 代表差评、中评、好评	int64

14.2　案例实现——耳机评论情感预测

1. 案例目标

（1）掌握类别不平衡问题的处理方式。

（2）掌握文本内容的处理方式。

（3）熟悉降维处理的操作场景。

2. 案例环境

案例环境如表 14.2 所示。

表 14.2　案例环境

硬件	软件	资源
PC 或 AIX-EBoard 人工智能实验平台	Ubuntu 18.04/Windows 10 NumPy 1.21.6 pandas 1.3.5 matplotlib 3.5.1 sklearn 0.20.3 jieba 0.42.1 Python 3.7.3	erji_emo.csv stopwords.txt

3. 案例步骤

本案例需要对文本内容进行处理，创建代码 classification_emo.py，目录结构如图 14.1 所示。本案例主要包含以下步骤。

chapter-14
　classification_emo.py
　erji_emo.csv
　stopwords.txt

图 14.1　目录结构

步骤一：导入必要的库。

```
import numpy as np
import pandas as pd
pd.set_option('display.max_columns', None)
import matplotlib.pyplot as plt
plt.rcParams['font.sans-serif'] = ['SimHei']
import jieba
from sklearn.feature_extraction.text import TfidfVectorizer
from sklearn.decomposition import TruncatedSVD
from sklearn.model_selection import \
    train_test_split, GridSearchCV
from sklearn.naive_bayes import BernoulliNB
from sklearn.linear_model import LogisticRegression
from sklearn.ensemble import RandomForestClassifier
from sklearn.metrics import classification_report, \
    confusion_matrix, accuracy_score
np.random.seed(123)  # 设置随机种子
import warnings
warnings.filterwarnings('ignore')
```

ML-14-v-001

步骤二：初步数据查看。

```
df = pd.read_csv('erji_emo.csv')
print(df.head())
print(df.info())
print(df.describe())
```

运行代码，可以查看前 5 行数据信息、基础字段信息、数值字段分布状态，分别如图 14.2、图 14.3、图 14.4 所示。

```
   content_id                                            content subject  \
0           0                Silent Angel期待您的光临，共赏美好的声音！       音质
1           1  这只HD650在1k的失真左声道是右声道的6倍左右，也超出官方规格参数范围（0.05%），看...       配置
2           2                           达音科 17周年 倒是数据最好看，而且便宜       配置
3           3                bose，beats，apple的消费者根本不知道有曲线的存在       其他
4           4                                         不错的数据       配置

  sentiment_word  sentiment_value
0              好                1
1             失真               -1
2              好                1
3            NaN                0
4             不错                1
```

图 14.2　前 5 行数据信息

```
RangeIndex: 17176 entries, 0 to 17175
Data columns (total 5 columns):
 #   Column          Non-Null Count    Dtype
---  ------          --------------    -----
 0   content_id      17176 non-null    int64
 1   content         17176 non-null    object
 2   subject         17176 non-null    object
 3   sentiment_word  7103 non-null     object
 4   sentiment_value 17176 non-null    int64
dtypes: int64(2), object(3)
memory usage: 671.1+ KB
```

```
       content_id   sentiment_value
count  17176.000000    17176.000000
mean    8587.500000        0.169597
std     4958.428447        0.620324
min        0.000000       -1.000000
25%     4293.750000        0.000000
50%     8587.500000        0.000000
75%    12881.250000        1.000000
max    17175.000000        1.000000
```

图 14.3　基础字段信息　　　　　　图 14.4　数值字段分布状态

步骤三：删除无用字段。

从步骤二的信息内容可以看出，字段'sentiment_word'缺失值较多，字段'content_id'为主键列，将两个字段直接删除即可。

```
del_col = ['content_id', 'sentiment_word']
for i in del_col:
    del df[i]
```

步骤四：离散字段分析。

```
# 对当前特征进行分析
s0 = df['subject'][df['sentiment_value'] == 1].value_counts()
s1 = df['subject'][df['sentiment_value'] == -1].value_counts()
s2 = df['subject'][df['sentiment_value'] == 0].value_counts()

# 进行可视化处理
df1 = pd.DataFrame(
    {u'正面评价': s0, u'负面评价': s1, u'无情感评价': s2})
df1.plot(kind='bar')
plt.title("{}对于评论分析".format('subject'))
plt.xlabel('subject')
plt.ylabel("数量")
plt.show()
```

运行代码，显示字段'subject'和标签之间的关系，如图 14.5 所示。

可以看出，字段'subject'对标签预测没有很好的效果，直接删除即可。

```
del df['subject']
```

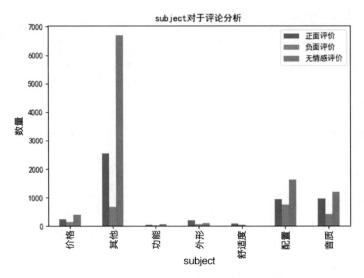

图 14.5　字段'subject'和标签之间的关系图

步骤五：文本内容处理。

```
# 对字段'content'中的内容进行分词处理
df['content'] = df['content'].map(lambda x:jieba.lcut(x))
print(df['content'].head())

# 获取停用词表，处理停用词
s = ''
with open('stopwords.txt', encoding='utf-8',
        errors='ignore')as sp:
    for word in sp.readlines():
        s += word.strip()#移除指定字符
print(s)

# 去除截断词和长度小于1的词
df['content'] = df['content'].map(
    lambda x : [i for i in x if i not in s if len(i) > 1])
print(df['content'].head())

# 在单词之间添加空格，方便后续进行分词处理
df['content'] = df['content'].map(lambda x: ' '.join(x))
print(df['content'].head())
```

ML-14-v-002

运行代码，在命令行显示处理后的效果，如图 14.6 所示，显示内容为 jieba 分词器处理后的最初效果，内容中存在空格、逗号等无用信息。这时引入停用词进行处理，可以去除对标签预测无用的信息，停用词部分内容如图 14.7 所示。为了更好地进行词义表达，还需要将单个汉字去除。使用停用词后的效果如图 14.8 所示。最后，为了方便进行词频处理，需要在单词之间添加空格，添加空格后的效果如图 14.9 所示。

```
0    [Silent,   , Angel, 期待, 您, 的, 光临, , , 共赏, 美好, 的,...
1    [这, 只, HD650, 在, 1k, 的, 失真, 左声道, 是, 右声道, 的, 6,...
2    [达音科,   , 17, 周年,  , 倒, 是, 数据, 最, 好看, , , 而且, 便宜]
3    [bose, , , beats, , , apple, 的, 消费者, 根本, 不, 知道, ...
4                                    [不错, 的, 数据]
Name: content, dtype: object
```

图 14.6　jieba 分词器处理后的最初效果

```
!"#$%&'()*+,---................................/.一记者数年月日时分秒///0123456789::://
```

图 14.7　停用词部分内容

```
0              [Silent, Angel, 期待, 光临, 共赏, 美好, 声音]
1    [HD650, 1k, 失真, 左声道, 右声道, 超出, 官方, 规格, 参数, 0.05%]
2                       [达音科, 周年, 数据, 好看, 便宜]
3              [bose, beats, apple, 消费者, 有曲线]
4                                    [不错, 数据]
Name: content, dtype: object
```

图 14.8　使用停用词后的效果

```
0          Silent Angel 期待 光临 共赏 美好 声音
1    HD650 1k 失真 左声道 右声道 超出 官方 规格 参数 0.05%
2                    达音科 周年 数据 好看 便宜
3            bose beats apple 消费者 有曲线
4                          不错 数据
Name: content, dtype: object
```

图 14.9　添加空格后的效果

步骤六：对类别不平衡问题进行处理。

```python
# 对类别不平衡问题进行处理
print(df['sentiment_value'].value_counts())
df1 = df[df['sentiment_value']==1].sample(2095)
df2 = df[df['sentiment_value']==0].sample(2095)
df3 = df[df['sentiment_value']==-1].sample(2095)
df = pd.concat([df1, df2, df3], axis=0)
print(df['sentiment_value'].value_counts())
```

ML-14-v-003

运行代码，可以看到处理之前的标签存在类别不平衡问题，如图 14.10 所示。经过欠采样处理，标签类别达到平衡效果，如图 14.11 所示。

```
 0    10073
 1     5008
-1     2095
Name: sentiment_value, dtype: int64
```

```
 1     2095
 0     2095
-1     2095
Name: sentiment_value, dtype: int64
```

图 14.10　类别不平衡问题　　　　图 14.11　欠采样处理后的效果

步骤七：进行词频处理。

```
# 进行词频处理
x = df['content'].tolist()
tfidf = TfidfVectorizer()
x_ = tfidf.fit_transform(x)

# 进行词频处理后，维度大，需要进行降维处理
svd = TruncatedSVD(50)
x = svd.fit_transform(x_)
y = df['sentiment_value']


x_train, x_test, y_train, y_test = \
    train_test_split(x, y, random_state=123)
```

步骤八：模型调参处理。

```
# 模型调参
# 创建模型调参参数，简化代码
def adjust_model(estimator, param_grid, model_name):
    model = GridSearchCV(estimator, param_grid)
    model.fit(x_train, y_train)
    print('{}模型最优得分：'.format(model_name), model.best_score_)
    print('{}模型最优参数：'.format(model_name), model.best_params_)


lr = LogisticRegression()
pg = {'C': [1, 2, 5, 10, 20]}
adjust_model(lr, pg, '逻辑回归')


rf = RandomForestClassifier()
pg = {'n_estimators': [50, 100, 150]}
adjust_model(rf, pg, '随机森林')
```

ML-14-v-004

运行代码，可以查看不同模型的最优得分及最优
参数，如图 14.12 所示，随机森林模型的效果较好。

```
逻辑回归模型最优得分： 0.5680053945374679
逻辑回归模型最优参数： {'C': 5}
随机森林模型最优得分： 0.589013470583335
随机森林模型最优参数： {'n_estimators': 150}
```

图 14.12　不同模型的最优得分及最优参数

步骤九：模型对比。

```
# 模型测试
rf = RandomForestClassifier(n_estimators=150)
rf.fit(x_train, y_train)
y_rf = rf.predict(x_test)
print('随机森林模型的准确率：', accuracy_score(y_test, y_rf))


nb = BernoulliNB()
nb.fit(x_train, y_train)
y_nb = nb.predict(x_test)
print('朴素贝叶斯模型的准确率：', accuracy_score(y_test, y_nb))
```

运行代码，朴素贝叶斯模型无法调参，在选择最优随机森林模型后，与随机森林模型进行性能对比，结果如图 14.13 所示。

```
随机森林模型的准确率： 0.5795165394402035
朴素贝叶斯模型的准确率： 0.4064885496183206
```

图 14.13 朴素贝叶斯模型和随机森林模型性能对比结果

步骤十：模型测评。

```
print('随机森林模型的测评结果')
print('分类报告：\n', classification_report(y_test, y_rf))
print('混淆矩阵：\n', confusion_matrix(y_test, y_rf))
```

运行代码，可以查看随机森林模型的测评结果，如图 14.14 所示。

```
随机森林模型的测评结果
分类报告：
              precision    recall  f1-score   support

          -1       0.63      0.62      0.62       531
           0       0.54      0.67      0.60       510
           1       0.58      0.45      0.51       531

    accuracy                           0.58      1572
   macro avg       0.58      0.58      0.58      1572
weighted avg       0.58      0.58      0.58      1572

混淆矩阵：
 [[329 113  89]
 [ 86 341  83]
 [110 180 241]]
```

图 14.14 随机森林模型的测评结果

4. 案例小结

本案例使用数据集进行文本内容结果预测。

对于本案例可以总结出以下经验。

（1）对文本内容可以进行 jiaba 分词和词频处理。

（2）文本数据过少、类别不平衡问题导致模型精度低，使用欠拟合缺损大量数据信息。

（3）进行降维处理，可以很好地降低词频处理产生的高维度，加速模型运算，提升模型精度。

本章总结

- 介绍了文本类型数据集的处理流程。
- 展示了降维算法的应用场景。
- 情感分析类项目需要大量的数据信息支撑。

作业与练习

1．[单选题]jieba 分词器处理后的数据类型是（　　）。

    A．列表   B．字典

    C．空格间隔的单词   D．离散值

2．[多选题]停用词类型一般包含（　　）。

    A．标点符号   B．语气词

    C．常用词   D．正常语句

3．[单选题]词频处理结束后，一般后续会进行（　　）处理。

    A．降维   B．jieba 分词

    C．停用词处理   D．直接预测

4．[单选题]欠采样处理数据会造成的结果有（　　）。

    A．数据容易过拟合

    B．部分模型不支持欠采样

    C．大部分数据无法使用，数据浪费

    D．正常，对模型无法产生影响

ML-14-c-001

5．[多选题]处理类别不平衡问题的常用操作方式有（　　）。

    A．欠采样   B．过采样   C．代价敏感学习   D．不用处理

第 3 部分　机器学习进阶算法与应用

读者在完成了第 2 部分的学习之后，应该能够基于机器学习基础算法进行项目开发。但是在一些应用场景中，仍需要了解并掌握更高级的机器学习算法，本部分将介绍机器学习进阶算法，这些算法主要应用于以下几部分内容。

（1）使用 DBSCAN 算法进行非凸数据的聚类划分，并检测数据集中的噪声样本。

（2）使用 GMM 算法进行连续密度类型的聚类划分。

（3）基于 HMM 算法使用隐含语义对股票的行情进行分析和预测。

（4）基于 AdaBoost 算法训练病马数据集，并对马匹健康进行预测。

（5）使用手写数字识别数据集分析 GBDT 算法和 XGBoost 算法之间的性能差异。

（6）通过箱线图，对数据进行可视化处理，查看数据中的异常值，并根据正态分布的特点，去除数据中的异常值。

（7）使用学习率曲线，分析模型是否出现过拟合、欠拟合问题。

（8）使用多字段特征合并分析特点，并进行可视化效果展示。

（9）根据时间戳，挖掘字段中的时间信息，抽取新字段，提升模型预测的准确性。

第 *15* 章

聚类算法综合

本章目标

- 了解 *k*-Means 算法的缺陷。
- 掌握 DBSCAN 算法的处理方式、调用调参原理。
- 熟悉层次聚类算法的处理方式、应用场景。
- 了解 GMM 算法的工作原理、应用场景。

聚类算法是一种常用的无监督学习算法的总称，在实际项目中，*k*-Means 算法的应用占绝大多数，但是由于 *k*-Means 算法的特性，其在实际项目的应用中存在一些问题，这时就需要对 *k*-Means 算法进行替换或改进。

本章包含的三个案例如下：

- 验证 *k*-Means 算法和 DBSCAN 算法的特点和区别。

使用 DBSCAN 算法，针对数据中的噪声（异常值）进行查看。

- 基于凝聚的层次聚类算法的数据聚类。

对层次聚类算法工作原理进行讲解，实现层次聚类，并进行可视化处理。

- 基于 GMM 算法的性别预测。

使用 GMM 算法，仅通过身高、体重数据来对样本的性别进行预测。

15.1 DBSCAN 算法

15.1.1 *k*-Means 算法的缺陷

k-Means 算法的应用场景非常多，但是存在以下几个缺陷。

k-Means 算法不能处理非凸数据集。非凸数据集就是随机选择两个样本，样本间的连线不在数据集的范围内，*k*-Means 算法处理非凸数据集的效果如图 15.1 所示，用肉眼就可以直接区分数据集聚类。如果此处使用 *k*-Means 算法进行聚类处理，聚类的效果不会很好。

图 15.1 *k*-Means 算法处理非凸数据集的效果

k-Means 算法采用迭代方法，得到的结果只是局部最优。如果数据集过大或过于复杂，那么很难聚类到最优效果。

k-Means 算法对噪声（异常值）比较敏感，如果出现异常值，很容易出现聚类效果不合理的情况。

15.1.2 DBSCAN 算法分析

DBSCAN 算法是一个比较有代表性的基于密度的聚类算法，该算法将簇定义为密度相连的点的最大集合，能够将足够高密度的区域划分为簇，并且能够在具有噪声的空间数据上发现任意形状的簇。

DBSCAN 算法的核心思想是用一个点的 ε 邻域内的邻居点数衡量该点所在空间的密度。该算法不仅可以找出形状不规则的簇，而且聚类时不需要事先给定簇的数量。

1. 算法概述

ε 邻域（ ε Neighborhood，也称为 Eps）：给定对象在半径 ε 内的区域，其表达式为

$$N_\varepsilon(x) = \{y \in X : \mathrm{dist}(x, y) \leqslant \varepsilon\} \qquad (15.1)$$

密度（Density）：ε 邻域中 x 的密度，是一个整数值，依赖于半径 ε，其计算公式为

$$p(x) = |N_\varepsilon(x)| \qquad (15.2)$$

ML-15-v-001

MinPts 表示定义核心点时的阈值，简记为 M。

核心点（Core Point）的意义：如果 $p(x) \geqslant M$，那么称点 x 为 X 的核心点；记由 X 中所有核心点构成的集合为 X_c；记 $X_{nc}=X \setminus X_c$，表示由 X 中所有非核心点构成的集合。核心点对应稠密区域内部的点。

边界点（Border Point）的意义：如果非核心点 x 的 ε 邻域中存在核心点，那么认为点 x 为 X 的边界点，对应稠密区域边缘的点。

噪声点（Noise Point）的意义：在集合中，边界点和核心点之外的点都是噪声点，噪声点对应稀疏区域的点。

DBSCAN 算法处理聚类的效果如图 15.2 所示，点 A 为核心点，点 B 和点 C 为边界点，点 N 为噪声点。

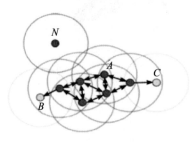

红色为核心点，黄色为边界点，蓝色为噪声点

图 15.2　DBSCAN 算法处理聚类的效果

2. 算法流程

如果一个点 x 的 ε 邻域包含多余的 m 个对象，那么创建一个点 x 作为核心对象的新簇；寻找并合并核心对象直接密度可达的对象；当没有新点可以更新簇时，算法结束。

3. 算法特征描述

（1）每个簇至少包含一个核心对象。

（2）非核心对象可以是簇的一部分，构成簇的边缘。

（3）包含过少对象的簇被认为是噪声。

4. 算法特点

1）优点

（1）不需要事先给定簇的数目。

（2）可以发现任意形状的簇。

（3）能够找出数据中的噪声，且对噪声不敏感。

（4）算法只需要两个输入参数。

（5）聚类结果几乎不依赖节点的遍历顺序。

2）缺点

（1）DBSCAN 算法的聚类效果依赖距离公式的选取，最常用的距离公式为欧几里得距离计算公式。但是，对于高维数据，由于维数太多，距离的度量已变得不是那么重要。

（2）DBSCAN 算法不适合数据集中密度差异很小的情况。

15.1.3 案例实现——验证 *k*-Means 算法和 DBSCAN 算法的特点和区别

本案例通过对非凸数据集和噪声的设置，来验证 *k*-Means 算法和 DBSCAN 算法的特点和区别。

1. 案例目标

（1）熟悉 DBSCAN 算法的优势。

（2）熟悉 DBSCAN 算法调库的使用方法。

2. 案例环境

案例环境如表 15.1 所示。

表 15.1 案例环境

硬件	软件	资源
PC 或 AIX-EBoard 人工智能实验平台	Ubuntu 18.04/Windows 10 NumPy 1.21.6 matplotlib 3.5.1 sklearn 0.20.3 Python 3.7.3	无

3. 案例步骤

创建代码 01DBSCAN.py，目录结构如图 15.3 所示。本案例主要包含以下步骤。

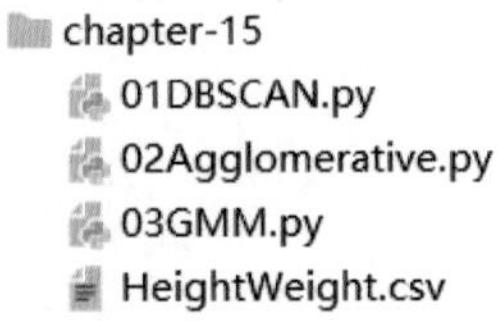

chapter-15
　　01DBSCAN.py
　　02Agglomerative.py
　　03GMM.py
　　HeightWeight.csv

图 15.3 目录结构

步骤一：导入模块与配置。

```
import numpy as np
import matplotlib.pyplot as plt
from sklearn import datasets
from sklearn.cluster import KMeans
from sklearn.cluster import DBSCAN
```

步骤二：创建数据并显示。

```
plt.rcParams['font.sans-serif']=['SimHei']
plt.rcParams['axes.unicode_minus']=False
X1, y1=datasets.make_circles(n_samples=5000, factor=.6, noise=.05)
X2, y2 = datasets.make_blobs(n_samples=1000, n_features=2, centers= [[1.2,
1.2]], cluster_std=[[.1]], random_state=9)
X = np.concatenate((X1, X2))
plt.scatter(X[:, 0], X[:, 1], marker='o')
plt.title('原始数据样本点分布')
plt.show()
```

步骤三：用 k-Means 算法处理数据。

```
y_pred = KMeans(n_clusters=3, random_state=9).fit_predict(X)
plt.scatter(X[:, 0], X[:, 1], c=y_pred)
plt.title('用 k-Means 算法进行聚类处理')
plt.show()
```

步骤四：利用 DBSCAN 算法及默认参数处理数据。

```
y_pred = DBSCAN().fit_predict(X)
plt.scatter(X[:, 0], X[:, 1], c=y_pred)
plt.title('默认参数密度聚类')
plt.show()
```

步骤五：用 DBSCAN 算法调参处理数据。

```
y_pred = DBSCAN(eps = 0.08, min_samples=3).fit_predict(X)
plt.scatter(X[:, 0], X[:, 1], c=y_pred)
plt.title('设置参数的密度聚类')
plt.show()
```

步骤六：运行代码，查看运行效果。

代码运行效果如图 15.4～图 15.7 所示。

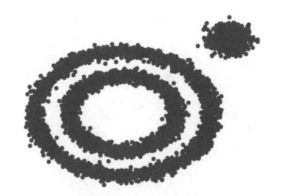

图 15.4　数据可视化效果

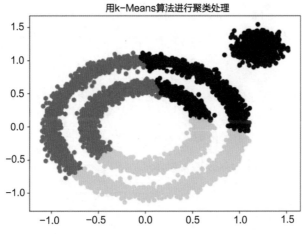

图 15.5　*k*-Means 算法处理数据的可视化效果

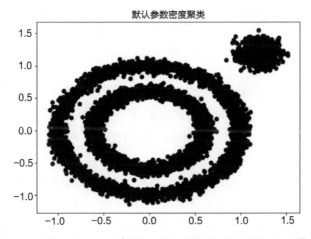

图 15.6　利用 DBSCAN 算法及默认参数处理数据的可视化效果

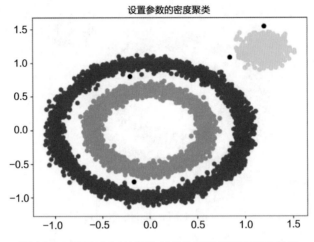

图 15.7　用 DBSCAN 算法调参处理数据的可视化效果

4. 案例小结

本案例使用 DBSCAN 算法完成数据集聚类处理及异常值查找。

对于本案例可以总结出以下经验。

（1）使用 DBSCAN 算法，需要根据实际情况进行调参处理。

（2）k-Means 算法无法对非凸数据集进行处理。

15.2　层次聚类算法

15.2.1　算法分析

1. 算法概述

层次聚类算法对给定的数据集进行层次分解，直到满足某种条件为止，传统的层次聚类算法主要分为以下两类。

凝聚的层次聚类算法（AGglomerative NESting, AGNES）采用自底向上的策略。最初将每个对象作为一个簇，然后这些簇根据某些准则被一步一步合并，两个簇之间的距离可以由这两个不同簇中距离最近的样本点的相似度来决定；聚类合并过程反复进行，直到所有样本凝聚为一个聚类为止。

分裂的层次聚类算法（DIvisive ANAlysis, DIANA）采用自顶向下的策略。首先将所有对象置于一个簇中，然后按照某种既定的规则将这个簇逐渐细分为越来越小的簇，直到达到某个终结条件（簇数目或者簇间距离达到阈值）为止。

2. 算法工作原理

凝聚的层次聚类算法通过计算两类样本点之间的相似度，将所有样本点中最为相似的两个样本点组合，并反复迭代这一过程。简单来说，凝聚的层次聚类算法通过计算每个类别的样本点与其他所有样本点之间的距离来确定它们之间的相似度，距离越小，相似度越高。并将距离最近的两个样本点组合，生成聚类树。

层次聚类算法使用欧几里得距离来计算不同类别样本点之间的距离（或相似度）。通过创建一个欧几里得距离矩阵来计算和对比不同类别的样本点之间的距离，并将距离值最小的样本点组合。距离计算公式为

$$D = \sqrt{(x_1 - y_1)^2 + (x_2 - y_2)^2} \qquad (15.3)$$

3. 算法流程

图 15.8 所示为讲解用数据集，当前数据集只有一列特征，使用当前数据集，按照凝聚的层次聚类算法的工作原理实现聚类过程。

A	16.9
B	38.5
C	39.5
D	80.8
E	82
F	34.6
G	116.1

图 15.8　讲解用数据集

第一次计算所得样本点之间的距离如图 15.9 所示，对各个样本点之间的距离进行比较。

	A	B	C	D	E	F	G
A	0	B→A	C→A	D→A	E→A	F→A	G→A
B	A→B	0	C→B	D→B	E→B	F→B	G→B
C	A→C	B→C	0	D→C	E→C	F→C	G→C
D	A→D	B→D	C→D	0	E→D	F→D	G→D
E	A→E	B→E	C→E	D→E	0	F→E	G→E
F	A→F	B→F	C→F	D→F	E→F	0	G→F
G	A→G	B→G	C→G	D→G	E→G	F→G	0

	A	B	C	D	E	F	G
A	0	21.60	22.60	63.90	65.10	17.70	99.20
B	21.60	0	1.00	42.30	43.50	3.90	77.60
C	22.60	1.00	0	41.30	42.50	4.90	76.60
D	63.90	42.30	41.30	0	1.20	46.20	35.30
E	65.10	43.50	42.50	1.20	0	47.40	34.10
F	17.70	3.90	4.90	46.20	47.40	0	81.50
G	99.20	77.60	76.60	35.30	34.10	81.50	0

图 15.9　第一次计算所得样本点之间的距离

可以看到 B、C 两个样本点之间距离较近，先合并（生成簇），再进行处理，第二次计算所得样本点之间的距离如图 15.10 所示。

	A	(B,C)	D	E	F	G
A	0	22.10	63.90	65.10	17.70	99.20
(B,C)	22.10	0	41.80	43.00	4.40	77.10
D	63.90	41.80	0	1.20	46.20	35.30
E	65.10	43.00	1.20	0	47.40	34.10
F	17.70	4.40	46.20	47.40	0	81.50
G	99.20	77.10	35.30	34.10	81.50	0

图 15.10　第二次计算所得样本点之间的距离

可以看到 D、E 两个样本点之间距离较近，先合并（生成簇），再进行处理，第三次计算所得样本点之间的距离如图 15.11 所示。

后续合并同理，直到将所有样本点合并为一个簇时，结束聚类计算，如图 15.12 所示。

	A	(B,C)	(D,E)	F	G
A	0	22.10	64.50	17.70	99.20
(B,C)	22.10	0	42.40	4.40	77.10
(D,E)	64.50	42.40	0	46.80	34.70
F	17.70	4.40	46.80	0	81.50
G	99.20	77.10	34.70	81.50	0

图 15.11　第三次计算所得样本点之间的距离

	(A,F,B,C)	(D,E)	G
(A,F,B,C)	0	49.03	83.73
(D,E)	49.03	0	34.70
G	83.73	34.70	0

	(A,F,B,C)	(D,E,G)
(A,F,B,C)	0	60.59
(D,E,G)	60.59	0

图 15.12　一直合并，直到凝聚成一个簇为止

4. 距离计算方式

两个簇之间的距离计算一般有下面三种方式。

Single Linkage 的计算方法是将两个组合样本点中距离最近的两个样本点之间的距离作为这两个组合样本点之间的距离。这种方法容易受到极端样本点的影响。两个很相似的组合样本点可能由于其中两个极端样本点距离较近而组合在一起。

Complete Linkage 的计算方法与 Single Linkage 相反，将两个组合样本点中距离最远的两个样本点之间的距离作为这两个组合样本点之间的距离。Complete Linkage 的问题与 Single Linkage 相反，两个不相似的组合样本点可能由于其中两个极端样本点距离较远而无法组合在一起。

Average Linkage 的计算方法是计算两个组合样本点中的每个样本点与其他所有样本点的距离。将所有距离的均值作为两个组合样本点之间的距离。这种方法计算量比较大，但结果比前两种方法更合理。

15.2.2　案例实现——基于凝聚的层次聚类算法的数据聚类

本案例通过对 15.1.3 节的算法流程进行梳理，可以更好地实现凝聚的层次聚类，并进行可视化处理。

1. 案例目标

（1）掌握层次聚类的算法特点。

（2）熟悉层次聚类可视化。

2. 案例环境

案例环境如表 15.2 所示。

表 15.2　案例环境

硬件	软件	资源
PC 或 AIX-EBoard 人工智能实验平台	Ubuntu 18.04/Windows 10 pandas 1.3.5 matplotlib 3.5.1 sklearn 0.20.3 SciPy 1.5.4 Python 3.7.3	无

3. 案例步骤

创建代码 02Agglomerative.py，目录结构如图 15.3 所示。本案例主要包含以下步骤。

步骤一：导入与配置库。

```
import pandas as pd
from sklearn.cluster import AgglomerativeClustering
import matplotlib.pyplot as plt
import scipy.cluster.hierarchy as sch
```

步骤二：录入数据。

```
dict = {'x1':[16.9,38.5,39.5,80.8,82,34.6,116.1]}
data = pd.DataFrame(dict)
print(data)
```

运行代码，查看运行效果，如图 15.13 所示。

步骤三：创建凝聚的层次聚类。

```
ac = AgglomerativeClustering(n_clusters=3) #凝聚的层次聚类
ac.fit(data)
data['cluster'] = ac.labels_ #将聚类结果进行处理，分别对应样本
print(data)
```

运行代码，查看运行效果，如图 15.14 所示。

```
        x1                      x1  cluster
0    16.9              0    16.9       0
1    38.5              1    38.5       0
2    39.5              2    39.5       0
3    80.8              3    80.8       1
4    82.0              4    82.0       1
5    34.6              5    34.6       0
6   116.1              6   116.1       2
```

图 15.13　生成数据效果 　　　　　　 图 15.14　聚类预测划分效果

步骤四：查看聚类的可视化效果。

```
# 生成点与点之间的距离矩阵,这里用的欧几里得距离
dis = sch.distance.pdist(data, 'euclidean')
# 将层级聚类结果以树状图的形式表示出来
model = sch.linkage(dis, method='average')
pic = sch.dendrogram(model,labels=['A','B','C','D','E','F','G'])
plt.show()
```

运行代码，查看运行效果，如图 15.15 所示。

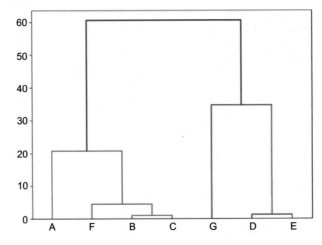

ML-15-v-002

图 15.15　凝聚的层次聚类的可视化效果

4. 案例小结

本案例使用凝聚的层次聚类算法完成数据集聚类处理。

对于本案例可以总结出以下经验。

（1）凝聚的层次聚类算法不适宜大数据处理。

（2）凝聚的层次聚类算法适宜小数据处理。

15.3　GMM 算法

15.3.1　算法分析

高斯混合模型（GMM）就是用高斯概率密度函数（正态分布曲线）精确地量化事物，它是一个将事物分解为若干基于高斯概率密度函数（正态分布曲线）的模型。

1. 正态分布

正态分布（Normal Distribution），也称常态分布、高斯分布。

正态分布是生活中最常见的一种分布方式，身高、吃饭时间等的变化均符合正态分布。

$$f(x) = \frac{1}{\sqrt{2\pi}\sigma} \exp\left[-\frac{(x-\mu)^2}{2\sigma^2} \right] \tag{15.4}$$

正态分布函数主要由两个参数构成，分别是均值（μ）、方差（σ^2）。

2. 算法流程

假设有一组身高数据，只通过身高完成性别预测，身高数据可视化效果如图 15.16 所示，其中，横坐标为身高，纵坐标为概率密度函数。根据常识，男性比女性身高要高，同时男、女身高分布服从正态分布。

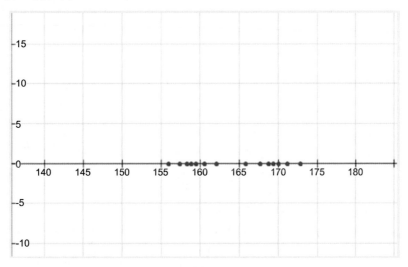

图 15.16　身高数据可视化效果

根据以上数据，利用 GMM 算法首先创建两个簇，认定两个聚类服从正态分布，设置 μ_1、σ_1、μ_2、σ_2 四个参数，并赋予初始值。然后，对两个簇分别按照对应的参数进行正态分布计算，计算每个样本对于每个簇的概率分布，概率分布值越高，当前簇的可能性越高。对每个样本针对每个簇的概率密度进行划分，更新每个簇的均值和标准差，更新多次，直到簇内样本不再变动为止。

15.3.2　案例实现——基于 GMM 算法的性别预测

基于 GMM 算法，根据身高、体重数据预测性别。

1. 案例目标

（1）熟悉 GMM 算法的工作原理。
（2）熟悉 GMM 算法中 sklearn 的调用方式。

2. 案例环境

案例环境如表 15.3 所示。

表 15.3　案例环境

硬件	软件	资源
PC 或 AIX-EBoard 人工智能实验平台	Ubuntu 18.04/Windows 10 NumPy 1.21.6 pandas 1.3.5 matplotlib 3.5.1 sklearn 0.20.3 Python 3.7.3	HeightWeight.csv

3. 案例步骤

创建代码 03GMM.py，目录结构如图 15.3 所示。本案例主要包含以下步骤。

步骤一：导入与配置库。

```python
import numpy as np
import pandas as pd
import matplotlib as mpl
import matplotlib.colors
import matplotlib.pyplot as plt
```

```
from sklearn.mixture import GaussianMixture # 高斯混合模型
from sklearn.model_selection import train_test_split
# 解决中文显示问题
mpl.rcParams['font.sans-serif'] = [u'SimHei']
mpl.rcParams['axes.unicode_minus'] = False
```

步骤二：数据加载。

```
## 数据加载
data = pd.read_csv('HeightWeight.csv')
print("数据样本数量:%d, 特征数量:%d" % data.shape)
x = data[data.columns[1:]]
y = data[data.columns[0]]
print(data.head())
```

步骤三：模型预测。

```
## 数据分割
x, x_test, y, y_test = train_test_split(x, y, train_size=0.6, random_state=0)
## 模型创建及训练
gmm = GaussianMixture(n_components=2) #聚成 2 类
gmm.fit(x, y)
# 获取预测值
y_hat = gmm.predict(x)
y_test_hat = gmm.predict(x_test)
```

步骤四：准确率计算。

```
# 查看一下类别，判断是否需要更改
change = (gmm.means_[0][0] > gmm.means_[1][0])
if change:
    z = y_hat == 0
    y_hat[z] = 1
    y_hat[~z] = 0
    z = y_test_hat == 0
    y_test_hat[z] = 1
    y_test_hat[~z] = 0

# 计算准确率
acc = np.mean(y_hat.ravel() == y.ravel())
acc_test = np.mean(y_test_hat.ravel() == y_test.ravel())
```

```
acc_str = '训练集准确率：%.2f%%' % (acc * 100)
acc_test_str = '测试集准确率：%.2f%%' % (acc_test * 100)
print (acc_str)
print (acc_test_str)
```

步骤五：查看可视化效果。

```
## 画图
cm_light = mpl.colors.ListedColormap(['#FFA0A0', '#A0FFA0'])
cm_dark = mpl.colors.ListedColormap(['r', 'g'])

# 获取数据的最大值和最小值
x1_min, x2_min = np.min(x)
x1_max, x2_max = np.max(x)
x1_d = (x1_max - x1_min) * 0.05
x1_min -= x1_d
x1_max += x1_d
x2_d = (x2_max - x2_min) * 0.05
x2_min -= x2_d
x2_max += x2_d

# 获取网格预测数据
x1, x2 = np.mgrid[x1_min:x1_max:400j, x2_min:x2_max:400j]
grid_test = np.stack((x1.flat, x2.flat), axis=1)
grid_hat = gmm.predict(grid_test)
grid_hat = grid_hat.reshape(x1.shape)
# 如果预测的结果需要更改
if change:
    z = grid_hat == 0
    grid_hat[z] = 1
    grid_hat[~z] = 0

# 开始画图
plt.figure(figsize=(8, 6), facecolor='w')

# 画区域图
plt.pcolormesh(x1, x2, grid_hat, cmap=cm_light)

# 画点图
```

```
    plt.scatter(x[x.columns[0]],  x[x.columns[1]],  s=50,  c=y,  marker='o',
cmap=cm_dark, edgecolors='k')
    plt.scatter(x_test[x_test.columns[0]], x_test[x_test.columns[1]], s=60,
c=y_test, marker='^', cmap=cm_dark, edgecolors='k')

    # 获取预测概率
    aaa = gmm.predict_proba(grid_test)
    p = aaa[:, 0].reshape(x1.shape)
    # 根据概率画出曲线图
    CS = plt.contour(x1, x2, p, levels=(0.1, 0.3, 0.5, 0.8), colors=list('crgb'),
linewidths=2)
    plt.clabel(CS, fontsize=15, fmt='%.1f', inline=True)

    # 设置值
    ax1_min, ax1_max, ax2_min, ax2_max = plt.axis()
    xx = 0.9*ax1_min + 0.1*ax1_max
    yy = 0.1*ax2_min + 0.9*ax2_max
    plt.text(xx, yy, acc_str, fontsize=18)
    yy = 0.15*ax2_min + 0.85*ax2_max
    plt.text(xx, yy, acc_test_str, fontsize=18)

    # 设置范围及标签
    plt.xlim((x1_min, x1_max))
    plt.ylim((x2_min, x2_max))
    plt.xlabel(u'身高/cm', fontsize='large')
    plt.ylabel(u'体重/kg', fontsize='large')
    plt.title(u'GMM算法及不同比率值下的算法模型', fontsize=20)
    plt.grid()
    plt.show()
```

运行代码，查看运行效果，如图 15.17 所示。

4. 案例小结

本案例基于 GMM 算法，使用身高、体重数据完成性别预测。

对于本案例可以总结出以下经验。

（1）使用 GMM 算法可以处理符合正态分布特征的数据。

（2）边缘样本属于异常样本，很难对其进行正确划分。

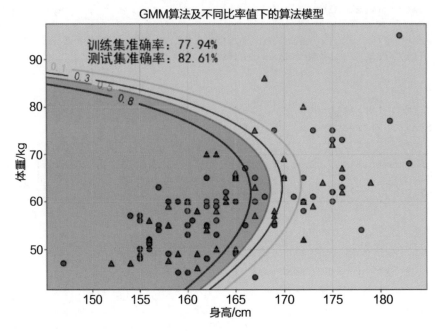

图 15.17　GMM 算法可视化效果

本章总结

- DBSCAN 算法可以用于非凸数据集的处理，但该算法的速度慢。
- 凝聚的层次聚类可视化效果好，不适宜大数据处理。
- GMM 算法适宜符合正态分布特征的数据处理。

作业与练习

1．[单选题]DBSCAN 算法的缺点是（　　　）。
   A．需要提前填入 k 值   B．运行速度慢
   C．无法找到噪声   D．不能处理非凸数据集

2．[多选题]GMM 算法迭代需要更新的指标有（　　　）。
   A．均值   B．方差   C．质心   D．距离

3．[单选题]凝聚的层次聚类算法的原理是（　　　）。

A．随机选取 k 个质心，计算每个样本点到质心的距离，距离哪个质心近，就归属于哪个质心，迭代更新质心位置，重复以上操作

B．按照密度进行计算，满足指定密度时，属于同一个质心

C．随机均值和方差，使用正态分布估计每个样本的概率，迭代计算样本归属

D．通过计算两类样本点之间的相似度，对所有样本点中最为相似的两个样本点进行组合，并反复迭代这一过程

4．[单选题]可以通过身高对男女性别进行聚类的算法是（ ）。

A．k-Means   B．GMM

C．DBSCAN   D．层次聚类

5．[多选题]需要提前设定 k 值才能计算的聚类算法是（ ）。

A．k-Means   B．GMM

C．DBSCAN   D．层次聚类

ML-15-c-001

第 *16* 章

基于 HMM 算法的股票行情预测

本章目标

- 了解 HMM 算法的工作原理。
- 了解五元组代表的含义。
- 熟悉隐含状态代表的意义和作用。
- 掌握 hmmlearn 的基础使用方法。

HMM 算法既可以是监督学习算法，又可以是非监督学习算法，是机器学习算法中比较复杂的一种算法，常用于处理序列模型，经常应用于自然语言处理领域。

本章包含的一个案例如下：

- 基于 HMM 算法的股票行情预测。

使用历史股票数据信息，基于 HMM 算法，分析股票走势，并对未来股票价格进行预测。

16.1 HMM 算法的工作原理

1. 算法概述

隐马尔可夫模型（Hidden Markov Model, HMM）是一种机器学习模型，在处理序列数据时有很好的效果。

HMM 是一种序列概率模型，描述一个含有未知参数的马尔可夫链所生成的不可观测的状态随机序列，再由各个状态生成可观测的随机序列的过程。HMM 的使用过程是一个双重随机过程，具有一定状态的隐马尔可夫链和随机的观测序列。

2. 基本概念

ML-16-v-001

HMM 算法由以下 5 部分构成（五元组）。

- 观测序列（O）。
- 状态序列（I）。
- 初始状态概率（π）。
- 状态转移矩阵（A）。
- 观测概率矩阵（B）。

3. 五元组的理解

HMM 的作用就是用不可观测序列生成可观测序列，使用如下案例进行解析。

这里有 3 个骰子（见图 16.1），第一个骰子有 6 个面（称这个骰子为 D6），每个面（1、2、3、4、5、6）出现的概率是 1/6。

第 2 个骰子有 4 个面（称这个骰子为 D4），每个面（1、2、3、4）出现的概率是 1/4。

第 3 个骰子有 8 个面（称这个骰子为 D8），每个面（1、2、3、4、5、6、7、8）出现的概率是 1/8。

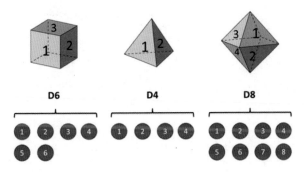

图 16.1　3 个骰子

将这 3 个骰子放入 1 个黑盒子中，有放回地抽取 1 个骰子，然后投掷该骰子（并不知道该骰子是哪一个），记录投掷的数字，然后通过投掷的数字来推测抽取骰子的顺序。

例如，得到的序列为 1 6 3 5 2 7 3 5 2 4，预测过程示意图如图 16.2 所示。其中，隐含状态表示抽取的是哪一个骰子，可见状态表示使用该骰子投出的数值。

4. 隐含状态预测

假设每个状态间转移的概率（抽取骰子的概率，这里为 1/3）是固定的（不因观测值的数值而改变），可以得到状态转移矩阵，如图 16.3 所示。

以计算前 5 个序列结果为例，使用不同的隐含状态计算概率，得到如图 16.4 所示观测值最大的概率即可。

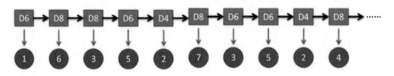

图例说明：

■ 一个隐含状态　　➡ 从一个隐含状态到下一个隐含状态的转换

● 一个可见状态　　↓ 从一个隐含状态到一个可见状态的输出

图 16.2　预测过程示意图

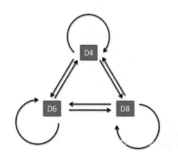

图 16.3　状态转移矩阵

$$P=P(D6)\cdot P(D6\rightarrow1)\cdot P(D6\rightarrow D8)\cdot P(D8\rightarrow6)\cdot P(D8\rightarrow D8)\cdot P(D8\rightarrow3)\cdot$$
$$P(D8\rightarrow D6)\cdot P(D6\rightarrow5)\cdot P(D6\rightarrow D4)\cdot P(D4\rightarrow2)$$
$$=\frac{1}{3}\times\frac{1}{6}\times\frac{1}{3}\times\frac{1}{8}\times\frac{1}{3}\times\frac{1}{8}\times\frac{1}{3}\times\frac{1}{6}\times\frac{1}{3}\times\frac{1}{4}$$

图 16.4　隐含状态概率计算

16.2　案例实现——基于 HMM 算法的股票行情预测

本案例通过 HMM 算法分析股票数据信息，尝试对股票走势和价格进行预测。

1. 案例目标

（1）了解 hmmlearn 的下载流程。

（2）了解 HMM 算法的使用过程。

（3）了解 HMM 算法的应用场景。

2. 案例环境

案例环境如表 16.1 所示。

表 16.1　案例环境

硬件	软件	资源
PC 或 AIX-EBoard 人工智能实验平台	Ubuntu 18.04/Windows 10 NumPy 1.21.6 matplotlib 3.5.1 hmmlearn 0.2.7 Python 3.7.3	stock.txt

3. 案例步骤

创建代码 stock_prediction.py，目录结构如图 16.5 所示。本案例主要包含以下步骤。

步骤一：hmmlearn 的安装。

在控制台输入命令如下：

```
pip install hmmlearn==0.2.7
```

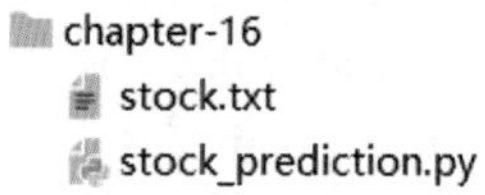

chapter-16
　stock.txt
　stock_prediction.py

图 16.5　目录结构

步骤二：导入与配置库。

```
import numpy as np
from hmmlearn import hmm
import matplotlib.pyplot as plt
import matplotlib as mpl
import warnings
warnings.filterwarnings("ignore")
np.random.seed(123)
```

步骤三：导入数据信息。

```
# 导入数据信息
# 0 表示日期，1 表示开盘，2 表示最高，3 表示最低，4 表示收盘，5 表示成交量，6 表示成交额
x = np.loadtxt(
    'stock.txt',
    delimiter='\t',
    skiprows=2,
    # 保留收盘价和成交量
    usecols=(4, 5),
    encoding='utf-8')
close_price = x[:, 0]
volumn = x[1:, 1]
diff_price = np.diff(close_price)    # 涨跌值
```

```
sample = np.column_stack((diff_price, volumn))
```

步骤四：训练模型。

```
# 训练模型，按照 3 个隐含状态进行处理
n = 3
train_sample = sample[:-50]
test_sample = sample[-50:]
model = hmm.GaussianHMM(n_components=n, covariance_type='full')
model.fit(train_sample)
```

步骤五：分析模型训练效果。

```
print('均值矩阵')
print(model.means_)
print('协方差矩阵')
print(model.covars_)
print('状态转移矩阵')
print(model.transmat_)
```

运行代码，可打印以下信息。

均值矩阵运算效果如图 16.6 所示，均值矩阵中共有三行数据信息，每行代表一种隐含状态（状态 0、1、2），每行的两个元素分别代表股价涨幅均值和成交量均值。从图 16.6 中观察到状态 0 股价涨幅为负值，可以理解为股价下跌；状态 1 股价涨幅为正值，可以理解为股价上涨；状态 2 股价涨幅接近 0，可以理解为股价持平。

协方差矩阵运算效果如图 16.7 所示，共生成三个协方差矩阵，分别对应三种隐含状态。矩阵对角线上的数值为该状态下的方差，方差越大，代表状态预测越不可信。

```
协方差矩阵
[[[1.93859152e-02 3.76075887e+05]
  [3.76075887e+05 4.62788724e+14]]

 [[2.74942801e-01 1.94131736e+07]
  [1.94131736e+07 2.99017526e+16]]
```

```
均值矩阵
[[-1.13575329e-02  5.85965830e+07]
 [ 5.43807020e-02  4.14565755e+08]
 [ 1.98917318e-02  1.52245929e+08]]
```

```
 [[8.13737793e-02 3.94321012e+06]
  [3.94321012e+06 3.47000686e+15]]]
```

图 16.6　均值矩阵运算效果　　　　图 16.7　协方差矩阵运算效果

状态转移矩阵运算效果如图 16.8 所示，代表三个隐含状态的转移概率。从图 16.8 中可以看出，矩阵对角线上的数值较大，即状态 0、1、2 都倾向保持当前的状态，这意味着该股票较稳定。

状态转移矩阵
```
[[9.51946708e-01 4.04368623e-09 4.80532876e-02]
 [2.96980790e-07 9.03580020e-01 9.64196830e-02]
 [9.71735687e-02 3.77881177e-02 8.65038314e-01]]
```

图 16.8　状态转移矩阵运算效果

步骤六：预测未来股票走势。

```python
# 计算预测值
expected_return_values = np.dot(model.transmat_, model.means_)
# 使用最小方差数据进行预测
expected_return = expected_return_values[:, 0]
predict_price = []  # 预测的涨跌幅
current_price = close_price[-50]
for i in range(len(test_sample)):
    # 将预测的第一组数据作为初始数据
    hidden_states = model.predict(test_sample[i].reshape(1, 2))
    # 使用上一次的预测价格推断下一次的预测价格
    predict_price.append(expected_return[hidden_states] + current_price)
    current_price = predict_price[i]

# 展示预测结果
t = np.arange(len(test_sample))
mpl.rcParams['font.sans-serif'] = [u'SimHei']
mpl.rcParams['axes.unicode_minus'] = False

plt.plot(t, close_price[-50:].reshape(-1, 1), label='真实价格')
plt.plot(t, np.array(predict_price).reshape(-1, 1), label='预测价格')
plt.legend()
plt.show()
```

步骤七：展示效果。

运行代码，显示预测股价的效果，如图 16.9 所示。与真实股票走势比较，预测效果并不理想。可以考虑通过增加训练的数据量，并进行参数调优，来提高预测的效果。

4. 案例小结

本案例使用 HMM 算法完成数据集隐含信息的查找及显示。

对于本案例可以总结出以下经验。

（1）可以通过数据的展现，分析隐含语义。

（2）HMM 算法的实际表达含义相对抽象。

（3）对于复杂的数据集，可以使用性能更好的模型进行处理。

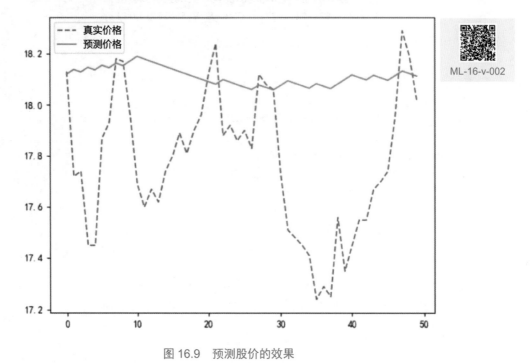

ML-16-v-002

图 16.9　预测股价的效果

本章总结

- HMM 算法相对复杂，常用在序列数据中。
- HMM 算法可以分析隐含语义，还可以分析后续内容值。

作业与练习

1．[单选题]HMM 算法可以处理的项目类型有（　　）。

　　A．股票行情预测　　　　　　　　　　B．物品分类

　　C．房屋售价预测　　　　　　　　　　D．数据降维

2．[多选题]HMM 算法需要预测的概率分别有（　　）。

A．状态转移概率　　　　　　B．观测概率

C．初始概率　　　　　　　　D．随机概率

3．[单选题]与 HMM 算法相关的库的名称为（　　　）。

A．sklearn.hmm　　　　　　B．numpy.hmm

C．hmmlearn　　　　　　　D．pandas.hmm

4．[单选题]关于 HMM 说法错误的是（　　　）。

A．使用不可观测的序列生成可观测序列的过程

B．HMM 的使用过程是一个双重随机过程

C．在处理序列数据时，有很好的处理效果

D．可以应用于非序列数据的处理

5．[多选题]关于 HMM 说法正确的是（　　　）。

A．观测状态预测与状态转移概率有关

B．状态转移概率符合 HMM 的性质

C．可以用于序列数据的预测

D．以上都对

ML-16-c-001

第 17 章

Boosting 算法综合

本章目标

- 掌握 Boosting 算法的工作原理。
- 掌握 AdaBoost 算法的工作原理及应用方式。
- 掌握 GBDT 算法的工作原理及应用方式。
- 熟悉 XGBoost 算法的工作原理及应用方式。

集成学习算法都具有较高的模型准确率，在这一领域中，Boosting 算法的准确率比 Bagging 算法更高。本章主要针对 Boosting 算法中的经典算法进行梳理和分析。

本章包含的三个案例如下：

- 基于 AdaBoost 算法的病马治愈预测。

通过 AdaBoost 算法，对复杂的病马数据集进行类别预测。

- 基于 GBDT 算法的数字手写体识别。

通过 GBDT 算法识别图片中的数字。

- 基于 XGBoost 算法的数字手写体识别。

通过 XGBoost 算法识别图片中的数字。

17.1 Boosting 算法的工作原理简介

Boosting 算法工作原理图如图 17.1 所示。首先构造多个弱学习器，然后以一定的方式将它们组合成一个强学习器。每个弱学习器的能力并不是很强，但是经过多次处理、计算，就可以得到一个很强的学习器。

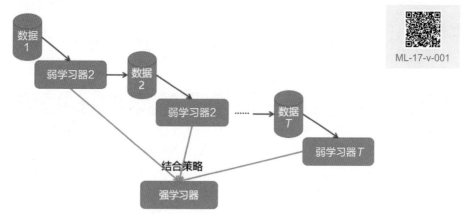

ML-17-v-001

图 17.1　Boosting 算法工作原理图

Boosting 算法与 Bagging 算法有以下不同。

（1）Bagging 算法对弱学习器采用并联方式进行处理；计算速度相对较快，精确率相对较低；常见算法为随机森林。

（2）Boosting 算法对弱学习器采用串联方式进行处理；计算速度相对较慢，精确率相对较高；常见算法为 AdaBoost、GBDT、XGBoost、LightGBM。

17.2　AdaBoost 算法

17.2.1　算法概述

AdaBoost 是 Adaptive Boosting（自适应增强）的缩写，是一种机器学习方法，由 Yoav Freund 和 Robert Schapire 于 1995 年提出。

AdaBoost 算法是一种迭代算法，其核心思想是针对同一个训练集训练不同的分类器（弱分类器），然后将这些弱分类器集合起来，构成一个更强的最终分类器（强分类器）。

AdaBoost 算法的工作原理是，当前面的模型对训练集预测后，在每个样本上都会造成不同的损失。AdaBoost 算法会为每个样本更新权重，对分类错误的样本要提高权重，对分类正确的样本要降低权重，下一个学习器会更加"关注"权重大的样本；每次得到一个模型后，根据模型在该轮数据上的表现，给当前模型设置一个权重，表现好的模型，权重就大，最后带权叠加得到最终集成模型。

AdaBoost 的算法具有以下特点。

- 优点：可以使用各种回归分类模型来构建弱学习器，非常灵活；控制迭代次数可以在一定程度上防止发生过拟合。
- 缺点：对异常值敏感，异常值在迭代中可能会获得较高的权重，影响最终预测结果的准确性。

17.2.2 分类算法分析

输入的训练集为

$$T = \left\{ (x_1, y_1), (x_2, y_2), \cdots, (x_n, y_n) \right\} \tag{17.1}$$

训练弱学习器 M 个，输出最终的强学习器 $G(x)$。

（1）初始化数据集权重（第一次所有样本权重相同）。

$$D_1 = \left(w_{11}, w_{12}, \cdots, w_{1N} \right) \tag{17.2}$$

$$W_{1i} = \frac{1}{i} \ (i = 1, 2, \cdots, N) \tag{17.3}$$

（2）对于 $m=1,2,\cdots,M$，使用具有权重分布 D_M 的训练数据来训练模型，得到弱学习器 $G_M(X)$。根据下式计算 $G_M(X)$ 的分类误差率。

$$e_m = \sum_{i=1}^{N} W_{mi} I \left[G_m(x) \neq y_i \right] \tag{17.4}$$

根据下式计算弱学习器的系数。

$$\alpha_m = \frac{1}{2} \ln \frac{1 - e_m}{e_m} \tag{17.5}$$

利用下式更新训练集中样本的权重。

$$Z_m = \sum_{i=1}^{N} w_{m,i} \exp \left[-\alpha_m y_i G_m(x_i) \right] \tag{17.6}$$

$$w_{m+1,i} = \frac{w_{m,i}}{Z_m} \exp \left[-\alpha_m y_i G_m(x_i) \right] \ (i = 1, 2, 3) \tag{17.7}$$

（3）最终的学习器为

$$f(x) = \sum_{m=1}^{m} \alpha_m G_m(x) \tag{17.8}$$

$$G(x) = \text{sign} \left[f(x) \right] \tag{17.9}$$

分类算法原理图如图 17.2 所示。

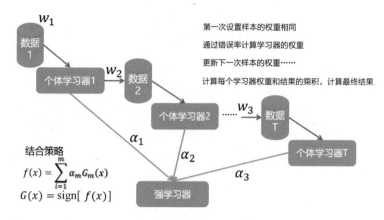

图 17.2　分类算法原理图

17.2.3　回归算法分析

输入的训练集为

$$T = \left\{ (x_1, y_1), (x_2, y_2), \cdots, (x_n, y_n) \right\} \tag{17.10}$$

训练弱学习器 M 个。输出最终的强学习器 $G(x)$。

（1）初始化数据集权重为（第一次所有样本权重相同）。

$$D_1 = \left(w_{11}, w_{12}, \cdots, w_{1N} \right) \tag{17.11}$$

$$w_{1i} = \frac{1}{i} \ (i = 1, 2, \cdots, N) \tag{17.12}$$

（2）对于 $m=1,2,\cdots,M$，使用具有权重分布 D_M 的训练数据来训练模型，得到弱学习器 $G_M(X)$。根据下式计算 $e_M(X)$ 的回归误差率。

$$e_m = \sum_{i=1}^{N} w_{mi} \frac{\left(y_i - G_m \right)^2}{E_m^2} \tag{17.13}$$

根据下式计算弱学习器的系数。

$$\alpha_m = \frac{e_m}{1 - e_m} \tag{17.14}$$

利用下式更新训练集中样本的权重。

$$Z_m = \sum_{i=1}^{N} w_{mi} \alpha_m^{1 - e_{mi}} \tag{17.15}$$

$$w_{m+1,i} = \sum_{i=1}^{M} \frac{w_{mi}}{Z_m} \alpha_m^{1 - e_{mi}} \tag{17.16}$$

（3）先对弱学习器进行加权，取中位数，再利用下式组成最终模型。

$$G(x) = \sum_{m=1}^{M} \left(\ln \frac{1}{\alpha_m} \right) g(x) \tag{17.17}$$

式中，$g(x)$ 是所有 $\alpha_m G_m(x)$（$m = 1, 2, \cdots, M$）的中位数。

17.2.4　案例实现——基于 AdaBoost 算法的病马治愈预测

本案例通过分析病马数据集信息判断病马是否可治愈。

1. 案例目标

（1）熟悉 AdaBoost 算法的工作原理。

（2）熟悉 AdaBoost 算法的特点。

（3）熟悉 AdaBoost 算法的调用、处理方式。

2. 案例环境

案例环境如表 17.1 所示。

表 17.1　案例环境

硬件	软件	资源
PC 或 AIX-EBoard 人工智能实验平台	Ubuntu 18.04/Windows 10 NumPy 1.21.6 pandas 1.3.5 sklearn 0.20.3 Python 3.7.3	horseColicTest.txt horseColicTraining.txt

3. 案例步骤

创建代码 01AdaBoost.py，目录结构如图 17.3 所示。本案例主要包含以下步骤。

步骤一：导入与配置库。

```
import numpy as np
import pandas as pd
import matplotlib.pyplot as plt
from sklearn.tree import DecisionTreeClassifier
from sklearn.ensemble import AdaBoostClassifier
from sklearn.model_selection import GridSearchCV
from sklearn.metrics import classification_report,
roc_curve, roc_auc_score
```

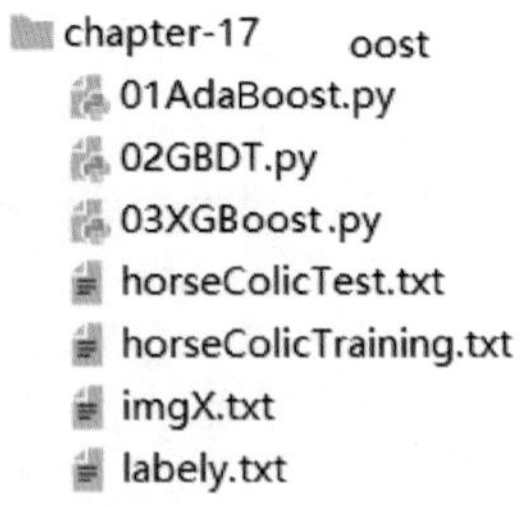

chapter-17　oost
01AdaBoost.py
02GBDT.py
03XGBoost.py
horseColicTest.txt
horseColicTraining.txt
imgX.txt
labely.txt

图 17.3　目录结构

```
import warnings
warnings.filterwarnings('ignore')
```

步骤二：数据集加载。

```
# 数据集加载
def load_data(path):
    data = pd.read_csv(path, sep='\t', names=[i for i in range(22)])
    data = np.array(data).tolist()
    x = []
    y = []
    for i in range(len(data)):
        y.append(data[i][-1])
        del data[i][-1]
        x.append(data[i])
    x = np.array(x)
    y = np.array(y)
    return x, y
```

步骤三：模型调参。

```
train_x, train_y = load_data('horseColicTraining.txt')
test_x, test_y = load_data('horseColicTest.txt')

pg = {
    'base_estimator': [DecisionTreeClassifier(max_depth=8, min_samples_leaf=8),
                       DecisionTreeClassifier(max_depth=7, min_samples_leaf=7),
                       DecisionTreeClassifier(max_depth=6, min_samples_leaf=6)
                       ],
    'n_estimators': [50, 100, 150],
    'learning_rate':[ 0.96, 0.95, 0.94]
}

ada = AdaBoostClassifier()
model = GridSearchCV(ada, pg)
model.fit(train_x, train_y)
print(model.best_score_)
print(model.best_params_)
```

运行代码，可以查看到最优得分和最优参数，如图 17.4 所示。

```
0.7524858757062146
{'base_estimator': DecisionTreeClassifier(max_depth=8, min_samples_leaf=8), 'learning_rate': 0.94, 'n_est:
```

图 17.4　AdaBoost 算法的运行效果

步骤四：模型测评。

```
# 模型创建及测试
ada = AdaBoostClassifier(
    DecisionTreeClassifier(max_depth=8, min_samples_leaf=8), 150, 0.95)
ada.fit(train_x, train_y)
# 模型预测
y_ = ada.predict(test_x)
print('分类报告：\n', classification_report(test_y, y_))
# 接收预测类别信息
y_score = ada.predict_proba(test_x)[:, 1]
auc_score = roc_auc_score(test_y, y_score)
print('auc 得分: {}'.format(auc_score))
fpr, tpr, _ = roc_curve(test_y, y_score)
plt.plot(fpr, tpr)
plt.show()
```

运行代码，可以查看模型测评结果（见图 17.5）及 ROC 曲线（见图 17.6）。在图 17.6 中，横坐标代表 FPR，纵坐标代表 TPR。

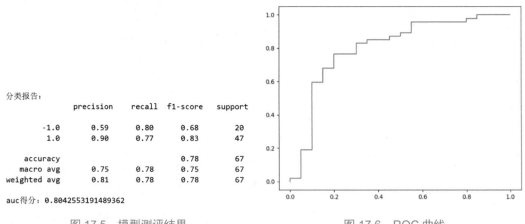

```
分类报告：
              precision    recall  f1-score   support

        -1.0       0.59      0.80      0.68        20
         1.0       0.90      0.77      0.83        47

    accuracy                           0.78        67
   macro avg       0.75      0.78      0.75        67
weighted avg       0.81      0.78      0.78        67

auc得分: 0.8042553191489362
```

图 17.5　模型测评结果　　　　　　　　图 17.6　ROC 曲线

4. 案例小结

本案例使用病马数据集配合 AdaBoost 算法完成模型的处理。

对于本案例可以总结出以下经验。

（1）AdaBoost 算法需要提前指定决策树的种类信息。

（2）AdaBoost 算法在存在噪声的数据集处理过程中表现效果不理想。

17.3　GBDT 算法

17.3.1　算法概述

GBDT（Gradient Boosting Decison Tree，梯度提升决策树）也是 Boosting 家族的一员，它和 AdaBoost 算法有很大的不同。AdaBoost 算法利用前一轮弱学习器的误差率来更新训练集的权重，这样一轮轮迭代下去，简单来说是 Boosting 算法框架+任意弱学习器算法+指数损失函数。

GBDT 算法通过多轮迭代，每轮迭代产生一个弱分类器，每个分类器在上一轮分类器的残差基础上进行训练。对弱分类器的要求一般是足够简单，并且是低方差和高偏差的，因为训练的过程是通过降低偏差来不断提高最终分类器的精度。

GBDT 由 DT（Decistion Tree，决策树）、GB（Gradient Boosting，梯度提升）和 Shrinkage（衰减）三部分构成，包含多棵决策树，所有树的结果累加起来就是最终结果。

GBDT 的核心在于累加所有树的结果作为最终结果，所以 GBDT 中的树都是回归树，而不是分类树。

GBDT 算法实质上是一个回归算法，不过稍微进行转换就可以解决分类问题。在分类问题中，假设有 z 个类别，那么每轮迭代实质上是构建了 z 棵树，对于某个样本 x，会产生 z 个输出值，然后使用 softmax 公式来得出属于 c 类别的概率值，选择概率最大的作为最终的预测值。softmax 公式如下：

$$f(i) = \frac{e^i}{\sum_{i=1}^{z} e^i} \tag{17.18}$$

17.3.2　衰减

每次走一小步逐渐逼近结果的效果，要比每次迈一大步很快逼近结果的方式更容易避免过拟合。因为模型不完全信任每个残差树，认为每颗树只"学习"到一部分预测信息，所以在累加时只累加一小部分，通过多棵树的迭代就可以弥补不足。

衰减示意图如图 17.7 所示，假设预测某一个样本的年龄，在预测过程中，使用不同的弱分类器将预测的误差逐渐减少，促使误差值逐渐减小。

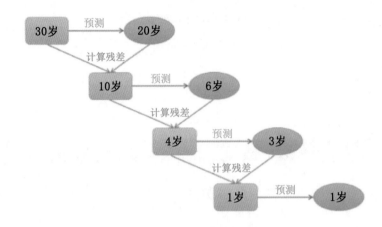

图 17.7　衰减示意图

17.3.3　算法分析

给定由输入变量 X 和输出变量 Y 组成的若干训练样本 $(X_1,Y_1),(X_2,Y_2),\cdots,(X_n,Y_n)$，目标是找到近似函数 $F(x)$，使损失函数最小。

这里使用的损失函数是最小二乘损失函数，即

$$L\big[y,F(X)\big]=\frac{1}{2}\big[y-F(X)\big]^2 \tag{17.19}$$

最优解为

$$F^*(X)=\arg\min_{F}L\big[y,F(X)\big] \tag{17.20}$$

用贪婪算法思想拓展到 $F_m(X)$，求得最优基函数 f，即

$$F_m(x)=F_{m-1}(x)+\arg\min_{f}\sum_{i=1}^{n}L\big[y_i,F_{m-1}(X_i)+f_m(X_i)\big] \tag{17.21}$$

在每次选择最优基函数 f 时采用贪婪算法仍然困难，使用梯度下降的方法近似计算给定常数函数 $F_0(X)$

$$F_0(X)=\arg\min_{c}\sum_{i=1}^{n}L(y_i,c) \tag{17.22}$$

采用梯度下降算法计算导数（残差）值，如式（17.23）所示。

$$\alpha_{im}=\left\{\frac{\delta L\big[y_i,F(x_i)\big]}{\delta F(x_i)}\right\}_{F(x)=F_{m-1}(x)} \tag{17.23}$$

使用数据 (x_i,α_{im})（$i=1,2,3,\cdots,n$）计算拟合残差，找到一个 CART，得到第 m 棵树。

$$c_{mj} = \arg\min_c \sum_{x \in \text{leaf}_j} L(y_i, f_{m-1}) \quad h_m(x) = \sum_{j=1}^{|\text{leaf}|_m} c_{mj} I \ (x \in \text{leaf}_m) \tag{17.24}$$

更新模型

$$f_m(x) = f_{m-1}(x) + \sum_{j=1}^{|\text{leaf}|_m} c_{mj} I \rightarrow f(x) = f_0(x) + \sum_{m=1}^{M} \sum_{j=1}^{|\text{leaf}|_m} c_{mj} I \ (x \in \text{leaf}_{mj}) \tag{17.25}$$

17.3.4 案例实现——基于 GBDT 算法的数字手写体识别

本案例使用手写数字数据，完成图片内容识别。手写体识别是常见的图像识别任务，计算机通过手写体图片识别出图片中的字。与印刷体不同的是，不同人的手写体风格迥异、大小不一，给计算机执行手写体识别任务造成了一些困难。

数字手写体识别由于其有限的类别（0～9 共 10 个整数）成为了相对简单的手写体识别任务。

该数据集每张图片尺寸为 20 像素×20 像素，像素值大小为 0～255，数值越大，亮度越高，如图 17.8 所示。数据集分为训练集和测试集两部分。

图 17.8 手写数字

1. 案例目标

（1）熟悉 GBDT 算法的工作原理。

（2）熟悉 GBDT 算法的特点。

（3）熟悉 GBDT 算法的调用、处理方式。

2. 案例环境

案例环境如表 17.2 所示。

表 17.2 案例环境

硬件	软件	资源
PC 或 AIX-EBoard 人工智能实验平台	Ubuntu 18.04/Windows 10 pandas 1.3.5 sklearn 0.20.3 Python 3.7.3	imgX.txt labely.txt

3. 案例步骤

创建代码 02GBDT.py，目录结构如图 17.3 所示。本案例主要包含以下步骤。

步骤一：导入与配置库。

```python
import pandas as pd
from sklearn.model_selection import train_test_split, GridSearchCV
from sklearn.ensemble import GradientBoostingClassifier
from sklearn.metrics import confusion_matrix, classification_report,
accuracy_score
import warnings
warnings.filterwarnings('ignore')
```

步骤二：数据集处理及切分。

```python
# 数据集处理及切分
x = pd.read_csv('imgX.txt', header=None)
y = pd.read_csv('labely.txt', header=None)
x_train, x_test, y_train, y_test = train_test_split(x, y, random_state=123)
```

步骤三：模型训练及测评。

```python
# 使用默认值训练模型
gdbt = GradientBoostingClassifier()
gdbt.fit(x_train, y_train)
y_ = gdbt.predict(x_test)
# 显示测评结果
acc = accuracy_score(y_test, y_) * 100
print('准确率为{}%'.format(acc))
print('混淆矩阵：\n', confusion_matrix(y_test, y_))
print('分类报告：\n', classification_report(y_test, y_))
```

步骤四：运行代码，查看测评结果。

测评结果如图 17.9 和图 17.10 所示。

```
准确率为90.24%
混淆矩阵：
[[ 92   0   1   0   0   0   1   0   5   1]
 [  0 140   0   1   0   0   1   1   0   0]
 [  5   0 117   3   2   0   0   0   3   1]
 [  0   0   6 111   1   4   0   0   2   2]
 [  0   0   0   1 110   1   1   1   4   4]
 [  1   0   1   5   3 110   1   0   2   2]
 [  2   0   0   0   2   3 114   0   3   0]
 [  1   0   3   0   3   0   0 114   0   7]
 [  0   2   4   5   1   4   0   0 107   2]
 [  1   1   0   3   0   0   0   4   4 113]]
```

图 17.9　准确率和混淆矩阵

分类报告：

```
              precision    recall  f1-score   support

           0       0.90      0.92      0.91       100
           1       0.98      0.98      0.98       143
           2       0.89      0.89      0.89       131
           3       0.86      0.88      0.87       126
           4       0.90      0.90      0.90       122
           5       0.90      0.88      0.89       125
           6       0.97      0.92      0.94       124
           7       0.95      0.89      0.92       128
           8       0.82      0.86      0.84       125
           9       0.86      0.90      0.88       126

    accuracy                           0.90      1250
   macro avg       0.90      0.90      0.90      1250
weighted avg       0.90      0.90      0.90      1250
```

图 17.10　分类报告

4. 案例小结

本案例使用手写数字数据并利用 GBDT 算法完成数字预测。

对于本案例可以总结出以下经验。

（1）GBDT 算法虽然运行速度慢，但运行准确率高。

（2）如果图片复杂度高，那么代码运行时间会延长，且准确率会降低。

（3）GBDT 算法调参较复杂，不建议轻易调整参数。

17.4　XGBoost 算法

17.4.1　算法概述

XGBoost 算法是一种将 Boosting 算法做到极致的方法，具有以下优缺点。

1. 优点

（1）利用正则化防止过拟合的效果好。

（2）特征粒度上并行。

（3）使用泰勒公式，提升了损失函数的灵活性。

（4）内置交叉验证：XGBoost 算法允许在每轮 Boosting 算法迭代中使用交叉验证。

2. 缺点

（1）算法参数过多。

（2）只适合处理结构化数据。

（3）不适合处理超高维特征数据。

XGBoost 算法与 GBDT 算法相比具有以下几方面区别。

（1）构造模型方式。

- GBDT 算法：每次训练构建的树是 CART，都去拟合损失函数在当前模型下的负梯度。
- XGBoost 算法：构建目标函数（损失函数+正则化项），使用目标函数的二阶泰勒展开式作为目标函数的替代，OBJ 可以看作"不纯度"，Gain 可以看作"信息增益"，利用 Gain 构建当前轮的回归树。

（2）导数处理方式。

- GBDT 算法：只用到了一阶导数信息，支持自定义损失函数，只要一阶可导即可。
- XGBoost 算法：同时使用了一阶导数和二阶导数信息，支持自定义损失函数，只要一阶、二阶可导即可。

（3）过拟合处理方式。

- GBDT 算法：只有衰减防止过拟合。
- XGBoost 算法：在构建算法模型的过程中就有考虑正则化，融合时也有衰减防止过拟合。

（4）抽样方式。

- GBDT 算法：只支持样本抽样（sklearn 中支持列抽样）。
- XGBoost 算法：支持样本抽样和列抽样，借鉴了随机森林的做法，支持列抽样，不仅能降低过拟合问题发生的风险，还能减少计算，这也是 XGBoost 算法异于传统 GBDT 算法的一个特性。

（5）算法运行方式。

- GBDT 算法：串行算法。
- XGBoost 算法：并行算法，在特征粒度上实现并行，对各个特征的增益可以多线程进行计算。

17.4.2　XGBoost 算法库的安装

XGBoost 算法库的安装比较复杂，先从网上下载 XGBoost 算法的 whl 安装包，再根据下载后的路径进行安装即可。

例：pip install E://xgboost-1.5.1-cp37.cp37m-win_amd64.whl。

使用 pip list 在命令行中查看是否安装成功，若如图 17.11 所示，则代表安装成功。

```
traitlets           5.1.1
typing-extensions   3.7.4.3
urllib3             1.26.7
wcwidth             0.2.5
Werkzeug            2.0.2
wheel               0.37.1
wincertstore        0.2
wrap                1.12.1
xgboost             1.5.1
zipp                3.6.0
```

图 17.11　列表中可见 XGBoost 算法库

17.4.3　案例实现——基于 XGBoost 算法的数字手写体识别

本案例与 GBDT 算法案例类似，先读取图片数据集，再使用 XGBoost 算法进行处理。

1. 案例目标

（1）了解 XGBoost 算法的工作原理。

（2）了解 XGBoost 算法的特点。

（3）熟悉 XGBoost 算法库的安装方式。

（4）熟悉 XGBoost 算法库的代码形式。

2. 案例环境

案例环境如表 17.3 所示。

表 17.3　案例环境

硬件	软件	资源
PC 或 AIX-EBoard 人工智能实验平台	Ubuntu 18.04/Windows 10 pandas 1.3.5 sklearn 0.20.3 XGBoost 1.5.1 Python 3.7.3	imgX.txt labely.txt

3. 案例步骤

创建代码 03XGBoost.py，目录结构如图 17.3 所示。本案例主要包含以下步骤。

步骤一：导入与配置库。

```
import pandas as pd
from sklearn.model_selection import train_test_split
import xgboost as xgb
from sklearn.metrics import confusion_matrix, classification_report,
accuracy_score
import warnings
warnings.filterwarnings('ignore')
```

步骤二：数据集处理及切分。

```
# 数据集处理及切分
x = pd.read_csv('imgX.txt', header=None)
y = pd.read_csv('labely.txt', header=None)
x_train, x_test, y_train, y_test = train_test_split(x, y, random_state=123)
```

步骤三：模型训练及测评。

```
# 训练模型
# 使用适用于XGBoost算法的数据类型
data_train = xgb.DMatrix(x_train, label=y_train)
data_test = xgb.DMatrix(x_test, label=y_test)
watch_list = [(data_test, 'eval'), (data_train, 'train')]
param = {'max_depth': 4, 'eta': 1, 'objective': 'multi:softmax', 'num_class':
10}
bst = xgb.train(param, data_train, num_boost_round=6, evals=watch_list)
y_ = bst.predict(data_test)
# 显示测评结果
acc = accuracy_score(y_test, y_) * 100
print('准确率为{}%'.format(acc))
print('混淆矩阵：\n', confusion_matrix(y_test, y_))
print('分类报告：\n', classification_report(y_test, y_))
```

步骤四：运行代码，查看测评结果。

测评结果如图 17.12 和图 17.13 所示。

ML-17-v-002

```
[0] eval-mlogloss:0.88954        train-mlogloss:0.69219
[1] eval-mlogloss:0.65542        train-mlogloss:0.36063
[2] eval-mlogloss:0.55220        train-mlogloss:0.21365
[3] eval-mlogloss:0.48047        train-mlogloss:0.13373
[4] eval-mlogloss:0.44366        train-mlogloss:0.08822
[5] eval-mlogloss:0.41584        train-mlogloss:0.05840
```
准确率为87.28%
混淆矩阵:
```
[[ 92   0   0   1   0   0   3   1   3   0]
 [  0 134   3   2   0   1   1   1   1   0]
 [  4   2 109   4   4   1   2   0   5   0]
 [  0   2   5 107   0   8   0   1   3   0]
 [  0   0   2   0 109   0   3   0   1   7]
 [  1   0   0   4   3 110   2   0   4   1]
 [  2   0   1   0   0   0 116   0   5   0]
 [  0   1   3   0   5   0   0 111   1   7]
 [  0   1   4   6   2   5   3   1 102   1]
 [  1   1   1   2   8   3   0   5   4 101]]
```

图 17.12　准确率和混淆矩阵

分类报告:

	precision	recall	f1-score	support
0	0.92	0.92	0.92	100
1	0.95	0.94	0.94	143
2	0.85	0.83	0.84	131
3	0.85	0.85	0.85	126
4	0.83	0.89	0.86	122
5	0.86	0.88	0.87	125
6	0.89	0.94	0.91	124
7	0.93	0.87	0.90	128
8	0.79	0.82	0.80	125
9	0.86	0.80	0.83	126
accuracy			0.87	1250
macro avg	0.87	0.87	0.87	1250
weighted avg	0.87	0.87	0.87	1250

图 17.13　分类报告

4. 案例小结

本案例使用手写数字数据配合 XGBoost 算法完成数字预测。

对于本案例可以总结出以下经验。

（1）XGBoost 算法需要独立安装库，代码风格和 sklearn 不同。

（2）XGBoost 算法的精度不一定高于 GBDT 算法，需要根据实际应用场景的算法精度进行分析。

（3）XGBoost 算法需要在参数中明确分类形式及类别数量，相对调参较复杂。

本章总结

- Boosting 算法是集成学习算法的重要分支，具有精度高、运行速度慢的特点。
- AdaBoost 算法利用权重调节原理完成弱学习器的串联，受噪声的影响大。
- GBDT 算法使用梯度提升方式提升精确度，只有回归算法，分类使用 softmax 函数实现。
- XGBoost 算法是 GBDT 算法的衍生算法，精度更好，但是需要单独安装库。

作业与练习

1．[单选题]Boosting 算法和 Bagging 算法之间的区别是（　　　）。

    A．使用的弱学习器不同　　　　　　　　B．一个并联，一个串联

    C．一个用于分类，一个用于回归　　　　D．以上都不对

2．[多选题]AdaBoost 算法的特点是（　　　）。

    A．可以使用各种回归分类模型来构建弱学习器，非常灵活

    B．容易受到异常值的影响

    C．算法效果差

    D．运行速度很快

3．[单选题]下列不是 XGBoost 算法的特点的是（　　　）。

    A．使用泰勒公式，提升了损失函数的灵活性

    B．算法参数过多

    C．正则化防止过拟合的效果好

    D．容易受到噪声的影响

4．[单选题]下列不属于 Boosting 算法的是（　　　）。

    A．随机森林　　　　　　　　　　　　　B．AdaBoost

    C．GBDT　　　　　　　　　　　　　　D．XGBoost

5．[多选题]GBDT 算法的组成部分有（　　　）。

    A．DT　　　　　　　　　　　　　　　B．GB

    C．Shrinkage　　　　　　　　　　　　D．双权重

ML-17-c-001

第 *18* 章

饭店销售量预测

本章目标

- 掌握处理数据集字段信息的能力。
- 掌握数据异常值的查找及处理方式。
- 掌握对多字段联合分析的能力。
- 掌握模型调参的处理及应用流程。

销售量预测是商店、餐饮店及工厂等生产、销售单位特别需要掌握的一项技术,通过对销售量进行预测,可以合理地分配生产资源、采购物资、清除库存,更好地降低生产成本、提升销售利润率。

本章除了对数据集进行常规处理,还使用异常值处理、字段联合分析技术,用来提升模型预测的精确度。

本章包含的一个案例如下:

- 饭店销售量预测。

根据提供的数据集信息及特征情况,对数据字段进行分析、处理,保留重要信息字段,根据均值、方差信息查找异常值,并去除数据中的异常值。针对单字段分析效果差的特点,对多字段结果进行分析,寻找字段的潜在价值。对数据进行更好的梳理,提升模型的精确度。

18.1 数据集分析

该数据集与位于巴西南部的一家饭店有关,是结合 2018～2020 年的数据而给出的数据信息。该数据集分为训练集和测试集，可以很高效地对预测模型进行客观评价。

数据集各字段信息如表 18.1 所示，总计 14 个字段。

表 18.1　数据集各字段信息

字段名称	中文释义	数据类型
Unnamed: 0	列名称	int
DATE	日期	int
SALES	销售量	int
IS_WEEKEND	是否周末	int
IS_HOLIDAY	是否假日	int
IS_FESTIVE_DATE	是否节日	int
IS_PRE_FESTIVE_DATE	是否节前	int
IS_AFTER_FESTIVE_DATE	是否节后	int
IS_PEOPLE_WEEK_PAYMENT	是否发薪周	int
IS_LOW_SEASON	是否淡季	int
AMOUNT_OTHER_OPENED_RESTAURANTS	同类饭店数量	int
WEATHER_PRECIPITATION	当天降雨量	float
WEATHER_TEMPERATURE	当天温度	float
WEATHER_HUMIDITY	当天湿度	float

18.2　异常值处理

异常值是指样本中的个别值，其数值明显偏离于所属样本的其余观测值。一般异常值是指一组测定值中与平均值的偏差超过 3 倍标准差的测定值。

在处理回归类型问题的过程中，如果标签中存在异常值，模型拟合过程中会考虑异常值的处理，降低模型发生过拟合问题的风险。在真实的项目场景中，会首先去除训练集中的噪声数据，提升模型的鲁棒性。

使用箱线图可以对数据进行可视化，并发现异常值。箱线图，又称箱型图，是一种用于显示一组数据分散情况的统计图，因形状像箱子而得名。箱线图中能够显示一组数据的上边缘（数据均值+数据 3 倍标准差）、下边缘（数据均值-数据 3 倍标准差）、中位数、上四分位数、下四分位数及异常值，其结构如图 18.1 所示。

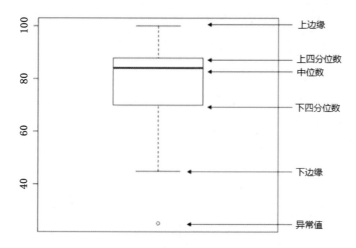

图 18.1　箱线图结构

18.3　多字段分析的含义与作用

ML-18-v-001

在数据分析中，如果一个字段对标签的分析效果不佳，可以同时使用两个及以上字段对标签进行数据分析。

存在潜在关联分析：如共享单车使用量，将'weekday'和'hour'字段联合来对租车量进行统计，可以看出高峰期和低谷段的差异（见图 18.2）。工作日用车高峰期在 7 时—9 时、16 时—20 时，周末用车高峰期在 10 时—18 时。

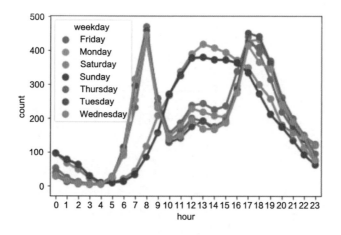

图 18.2　多字段分析效果

18.4 案例实现——饭店销售量预测

1. 案例目标

（1）掌握字段类型的区分方式。

（2）掌握异常值的处理方式。

（3）掌握多字段联合分析的处理方式。

2. 案例环境

案例环境如表 18.2 所示。

表 18.2 案例环境

硬件	软件	资源
PC 或 AIX-EBoard 人工智能实验平台	Ubuntu 18.04/Windows 10 NumPy 1.21.6 pandas 1.3.5 sklearn 0.20.3 Python 3.7.3	train.csv test.csv

3. 案例步骤

本案例的数据集分为训练集和测试集两部分，真实数据处理仅会在训练集中进行数据分析，本案例也会在训练集中模拟真实场景进行处理。

创建代码 sales_prediction.py，目录结构如图 18.3 所示。本案例主要包含以下步骤。

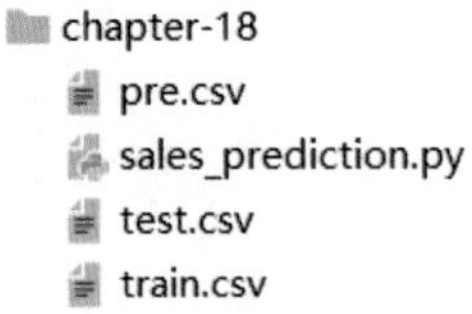

chapter-18
    pre.csv
    sales_prediction.py
    test.csv
    train.csv

图 18.3 目录结构

步骤一：导入必要的库。

```
import numpy as np
import pandas as pd
pd.set_option('display.max_columns', None)
import matplotlib.pyplot as plt
plt.rcParams['font.sans-serif'] = ['SimHei']
```

```
plt.rcParams['axes.unicode_minus'] = False
import seaborn as sns
from sklearn.preprocessing import OneHotEncoder
from sklearn.linear_model import Lasso, Ridge
from sklearn.model_selection import GridSearchCV
from sklearn.neighbors import KNeighborsRegressor
from sklearn.tree import DecisionTreeRegressor
from sklearn.ensemble import RandomForestRegressor, \
    GradientBoostingRegressor, AdaBoostRegressor
from sklearn.metrics import mean_squared_error
import warnings
warnings.filterwarnings('ignore')
```

步骤二：初步数据查看。

```
df1 = pd.read_csv('train.csv')
df2 = pd.read_csv('test.csv')
print(df1.head())
print(df1.info())
print(df1.describe())
```

运行代码，通过 df.head()函数查看，无异常值（见图 18.4）。

通过 df.info()函数的输出效果（见图 18.5）可以看出，字段'DATE'是整数类型数值，后续需要提取年、月、日信息。

通过 df.describe()函数查看，无异常值。

```
   Unnamed: 0      DATE  SALES  IS_WEEKEND  IS_HOLIDAY  IS_FESTIVE_DATE  \
0           2  20180216    130           0           0                0
1           4  20180218    185           1           0                0
2           5  20180219    121           0           0                0
3           6  20180220    110           0           0                0
4           7  20180221    105           0           0                0

   IS_PRE_FESTIVE_DATE  IS_AFTER_FESTIVE_DATE  IS_PEOPLE_WEEK_PAYMENT  \
0                    0                      0                       0
1                    0                      0                       0
2                    0                      0                       0
3                    0                      0                       0
4                    0                      0                       0

   IS_LOW_SEASON  AMOUNT_OTHER_OPENED_RESTAURANTS  WEATHER_PRECIPITATION  \
0              1                                7                    0.0
1              1                                7                    0.0
2              1                                7                    0.0
3              1                                7                    3.3
4              1                                7                   27.0
```

图 18.4　df.head()函数的输出效果

```
RangeIndex: 633 entries, 0 to 632
Data columns (total 14 columns):
 #   Column                          Non-Null Count  Dtype
---  ------                          --------------  -----
 0   Unnamed: 0                      633 non-null    int64
 1   DATE                            633 non-null    int64
 2   SALES                           633 non-null    int64
 3   IS_WEEKEND                      633 non-null    int64
 4   IS_HOLIDAY                      633 non-null    int64
 5   IS_FESTIVE_DATE                 633 non-null    int64
 6   IS_PRE_FESTIVE_DATE             633 non-null    int64
 7   IS_AFTER_FESTIVE_DATE           633 non-null    int64
 8   IS_PEOPLE_WEEK_PAYMENT          633 non-null    int64
 9   IS_LOW_SEASON                   633 non-null    int64
 10  AMOUNT_OTHER_OPENED_RESTAURANTS 633 non-null    int64
 11  WEATHER_PRECIPITATION           633 non-null    float64
 12  WEATHER_TEMPERATURE             633 non-null    float64
 13  WEATHER_HUMIDITY                633 non-null    float64
dtypes: float64(3), int64(11)
memory usage: 69.4 KB
```

图 18.5　df.info()函数的输出效果

步骤三：初步字段处理。

```
# 字段'DATE'没有实际作用，将字段'DATE'修改为年、月、日方式，并进行处理
# 训练集处理
df1['年'] = df1['DATE'].map(lambda x: x // 10000)
df1['月'] = df1['DATE'].map(lambda x: x // 100 % 100)
df1['日'] = df1['DATE'].map(lambda x: x % 100)
# 测试集处理
df2['年'] = df2['DATE'].map(lambda x: x // 10000)
df2['月'] = df2['DATE'].map(lambda x: x // 100 % 100)
df2['日'] = df2['DATE'].map(lambda x: x % 100)


# 去除无用字段'Unnamed: 0'和'DATE'
del_col = ['Unnamed: 0', 'DATE']
for i in del_col:
    del df1[i]
    del df2[i]
```

步骤四：箱线图绘制。

```
# 使用箱线图，查看噪声值
fig, axes = plt.subplots(nrows=2,ncols=2)
fig.set_size_inches(12, 10)
```

```
sns.boxplot(data=df1,y="SALES",ax=axes[0][0])
sns.boxplot(data=df1,y="SALES",x="年",ax=axes[0][1])
sns.boxplot(data=df1,y="SALES",x="月",ax=axes[1][0])
sns.boxplot(data=df1,y="SALES",x="日",ax=axes[1][1])

axes[0][0].set(ylabel='SALES',title="销售量")
axes[0][1].set(xlabel='年', ylabel='SALES',title="年与销售量的关系")
axes[1][0].set(xlabel='月', ylabel='SALES',title="月与销售量的关系")
axes[1][1].set(xlabel='日', ylabel='SALES',title="日与销售量的关系")
plt.show()
```

运行代码，查看箱线图效果，如图 18.6 所示，图片上方的黑色圆点代表噪声数据。

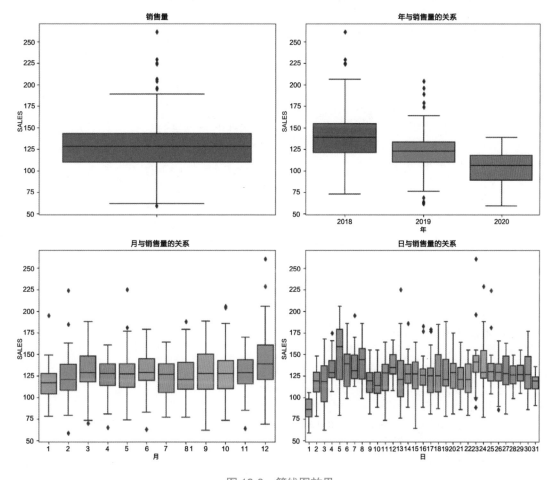

图 18.6　箱线图效果

步骤五：查看噪声数据数量，并进行相应处理。

```
# 查看噪声数据数量
# 样本标签值-标签均值 > 3倍样本标签标准差
noise = df1[np.abs(
    df1['SALES'] - df1['SALES'].mean() > (3 * df1['SALES'].std()))]

# 查看噪声数据数量
print('噪声数据数量:{}个'.format(len(noise)))

# 去除噪声数据，仅保留非噪声数据
df1 = df1[np.abs(df1['SALES'] - df1['SALES'].mean() <= (3 * df1['SALES'].
std()))]
```

运行代码，可以查看到噪声数据仅有 6 个，直接保留非噪声数据作为后续处理数据集。

步骤六：离散数据分析、处理。

```
# 数据分析
# 针对离散数据进行分析、处理
col1 = ['IS_WEEKEND', 'IS_HOLIDAY', 'IS_FESTIVE_DATE',
        'IS_PRE_FESTIVE_DATE', 'IS_AFTER_FESTIVE_DATE',
        'IS_PEOPLE_WEEK_PAYMENT', 'IS_LOW_SEASON', '年']

for i in col1:
    df1.groupby(i).mean()['SALES'].sort_index().plot(kind='bar')
    plt.ylabel('SALES')
    plt.show()
```

运行代码，发现字段'IS_WEEKEND','IS_PEOPLE_WEEK_PAYMENT'对字段'SALES'的分析没有明显效果（见图 18.7、图 18.8），对其他字段都有一定效果。

步骤七：连续字段数据分析。

```
# 查看连续值对数据的影响
col2 = ['AMOUNT_OTHER_OPENED_RESTAURANTS', 'WEATHER_PRECIPITATION',
        'WEATHER_TEMPERATURE', 'WEATHER_HUMIDITY', '月', '日']
for i in col2:
    df1.groupby(i).mean()['SALES'].sort_index().plot(kind='line')
    plt.ylabel('SALES')
    plt.show()

# 连续字段相关性分析
```

```
corr = df1[col2].corr()
sns.heatmap(corr, annot=True)
plt.show()
```

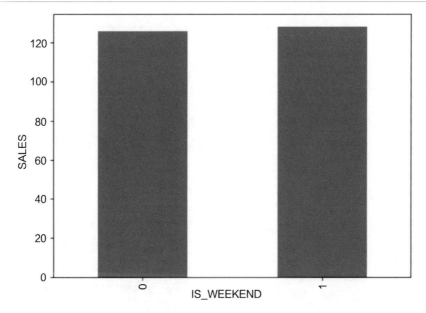

图 18.7　字段'IS_WEEKEND'对字段'SALES'的分析效果

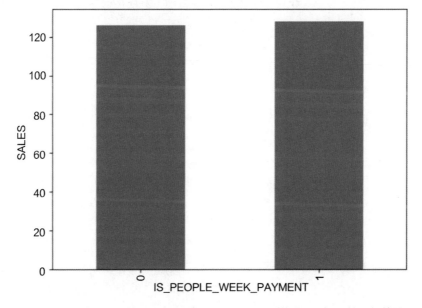

图 18.8　字段'IS_PEOPLE_WEEK_PAYMENT'对字段'SALES'的分析效果

运行代码，除了字段'AMOUNT_OTHER_OPENED_RESTAURANTS'，其他字段均和字段'SALES'没有关联。字段'AMOUNT_OTHER_OPENED_RESTAURANTS'对字段'SALES'的分析效果如图 18.9 所示。

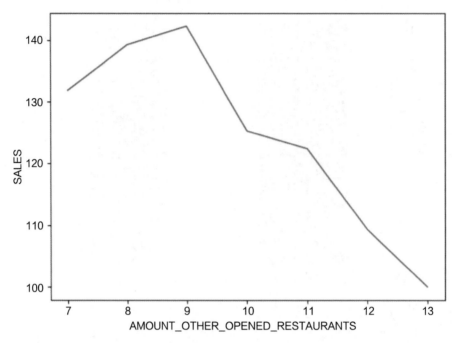

图 18.9　字段'AMOUNT_OTHER_OPENED_RESTAURANTS'对字段'SALES'的分析效果

步骤八：联合字段分析。

```
# 联合字段分析
# 查找月份和部分离散值之间的关系
for i in col1:
    print(i)
    monthAggregated = pd.DataFrame(
        df1.groupby(["月",i],sort=True)["SALES"].mean()).reset_index()
    sns.pointplot(x=monthAggregated["月"], y=monthAggregated["SALES"],
            hue=monthAggregated[i], data=monthAggregated, join=True)
    plt.show()
```

运行代码，查看联合字段分析效果，可见字段'IS_WEEKEND'、'IS_PEOPLE_WEEK_PAYMENT'和'月'之间的关联分析可以对字段'SALES'的预测有一定帮助（见图 18.10、图 18.11 ）。

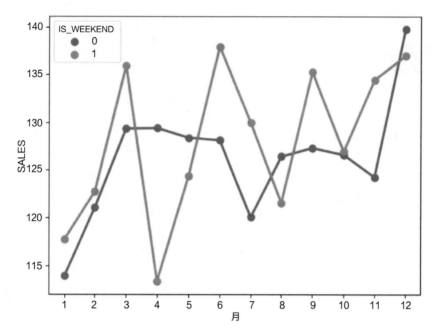

图 18.10　字段'IS_WEEKEND'和'月'之间的关联分析

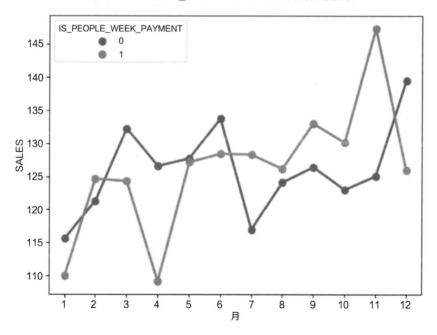

图 18.11　字段'IS_PEOPLE_WEEK_PAYMENT'和'月'之间的关联分析

步骤九：字段处理。

```
# 减少字段'AMOUNT_OTHER_OPENED_RESTAURANTS'的数值量
def fn1(x):
    if x >= 7 and x <= 9:
        return 0
    elif x > 9 and x <= 11:
        return 1
    else:
        return 2
df1['AMOUNT_OTHER_OPENED_RESTAURANTS'] = \
    df1['AMOUNT_OTHER_OPENED_RESTAURANTS'].map(fn1)
df2['AMOUNT_OTHER_OPENED_RESTAURANTS'] = \
    df2['AMOUNT_OTHER_OPENED_RESTAURANTS'].map(fn1)


# 字段'IS_WEEKEND'和'月'生成一个新字段，根据其特点处理数据
def fn2(x1, x2):
    return str(x1) + '_' + str(x2)
df1['week_mon'] = df1.apply(lambda row: fn2(row['IS_WEEKEND'], row['月']), axis=1)
df2['week_mon'] = df2.apply(lambda row: fn2(row['IS_WEEKEND'], row['月']), axis=1)


# 字段'IS_PEOPLE_WEEK_PAYMENT'和'月'生成一个新字段，根据其特点处理数据
df1['pay_mon'] = df1.apply(
    lambda row: fn2(row['IS_PEOPLE_WEEK_PAYMENT'], row['月']), axis=1)
df2['pay_mon'] = df2.apply(
    lambda row: fn2(row['IS_PEOPLE_WEEK_PAYMENT'], row['月']), axis=1)


df1['year_mon'] = df1.apply(lambda row: fn2(row['年'], row['月']), axis=1)
df2['year_mon'] = df2.apply(lambda row: fn2(row['年'], row['月']), axis=1)


df1['low_mon'] = df1.apply(lambda row: fn2(row['IS_LOW_SEASON'], row['月']), axis=1)
df2['low_mon'] = df2.apply(lambda row: fn2(row['IS_LOW_SEASON'], row['月']), axis=1)


# 无用字段
# 'IS_WEEKEND'、'IS_PEOPLE_WEEK_PAYMENT'、'WEATHER_PRECIPITATION'、'日'
# 'WEATHER_PRECIPITATION'、'WEATHER_TEMPERATURE'、'WEATHER_HUMIDITY'
# 删除复用字段'IS_WEEKEND'和'IS_PEOPLE_WEEK_PAYMENT'
```

```
del_col1 = ['IS_WEEKEND', 'IS_PEOPLE_WEEK_PAYMENT', 'WEATHER_PRECIPITATION',
            'WEATHER_TEMPERATURE', 'WEATHER_HUMIDITY', '日']

for i in del_col1:
    del df1[i]
    del df2[i]

df1.to_csv('pre.csv', index=None)
```

运行代码，可保存临时处理文件 pre.csv 作为后续处理应用数据集。

步骤十：数据预处理。

```
# 数据预处理
# 切分 x、y 数据集
y_train = df1['SALES']
y_test = df2['SALES']
x_train = df1.drop('SALES', 1)
x_test = df2.drop('SALES', 1)

# 处理后已经没有连续字段，直接使用独热编码进行处理
onehot = OneHotEncoder()
x_train = onehot.fit_transform(x_train).toarray()
x_test = onehot.transform(x_test).toarray()
```

步骤十一：模型调参。

```
# 模型调参
# 创建模型调参参数，简化代码
def adjust_model(estimator, param_grid, model_name):
    model = GridSearchCV(estimator, param_grid, )
    model.fit(x_train, y_train)
    y_ = model.best_estimator_.predict(x_test)
    print('{}模型最优参数：'.format(model_name), model.best_params_)
    # 使用最有模型进行测试，查看均方误差
    print('{}模型测试 mse 得分为'.format(model_name),mean_squared_error(y_test,
y_))

pg = {'alpha': [1, 0.8, 0.5, 0.3, 0.1]}
l1 = Lasso()
```

```
adjust_model(l1, pg, 'L1 正则化')

l2 = Ridge()
adjust_model(l2, pg, 'L2 正则化')

pg = {'n_neighbors': [5, 6, 7]}
knn = KNeighborsRegressor()
adjust_model(knn, pg, 'k-NN')

pg = {'max_depth': [4, 5, 6, 7]}
dt = DecisionTreeRegressor()
adjust_model(dt, pg, '决策树')

pg = {
    'max_depth': [4, 5, 6, 7],
    'n_estimators': [50, 100, 150]
}
rf = RandomForestRegressor()
adjust_model(rf, pg, '随机森林')

pg = {
    'base_estimator': [
        DecisionTreeRegressor(max_depth=5),
        DecisionTreeRegressor(max_depth=6),
        DecisionTreeRegressor(max_depth=7)
    ],
    'n_estimators': [50, 75, 100]
}
ada = AdaBoostRegressor()
adjust_model(ada, pg, 'AdaBoost')

pg = {'n_estimators': [50, 100, 150]}
gbdt = GradientBoostingRegressor()
adjust_model(gbdt, pg, 'GBDT')
```

运行代码，显示结果如图 18.12 所示。可以看出，GBDT 模型的效果最好。

ML-18-v-002

L1正则化模型最优参数： {'alpha': 0.1}
L1正则化模型测试mse得分为 600.4059967225319
L2正则化模型最优参数： {'alpha': 1}
L2正则化模型测试mse得分为 622.674700309395
k-NN模型最优参数： {'n_neighbors': 6}
k-NN模型测试mse得分为 764.4238888888888
决策树模型最优参数： {'max_depth': 5}
决策树模型测试mse得分为 591.586299557484
随机森林模型最优参数： {'max_depth': 7, 'n_estimators': 100}
随机森林模型测试mse得分为 595.871697637298
AdaBoost模型最优参数： {'base_estimator': DecisionTreeRegressor(max_depth=5), 'n_estimators': 100}
AdaBoost模型测试mse得分为 710.8972367099518
GBDT模型最优参数： {'n_estimators': 50}
GBDT模型测试mse得分为 584.1620974064377

图 18.12 运行结果

步骤十二：模型测评。

```
# 使用最优模型配合最优参数得出结论
gbdt = GradientBoostingRegressor(n_estimators=50)
gbdt.fit(x_train, y_train)
print('GBDT 得分为 ', gbdt.score(x_test, y_test))
```

运行代码，可见最终得分为 0.273 674 142 506 325 4，得分偏低，主要由于数据难度过高。

4. 案例小结

本案例使用数据集进行饭店销售量预测。

对于本案例可以总结出以下经验。

（1）在进行数据处理前，需要检查数据中是否存在异常值，仅去除训练集中的异常值，保证模型的鲁棒性，不处理测试集中的异常值，可以更加贴合真实项目场景。

（2）销售量预测类似场景需要处理大量的数据和字段，大量的数据和字段分析可以更好地提升模型的精确度。

（3）如果单一字段对数据分析没有很好的效果，可以考虑联合多个字段进行分析。

本章总结

- 异常值需要提前处理，从而提升模型的鲁棒性。
- 在字段分析效果差时，可以考虑多字段联合分析。

作业与练习

1．[单选题]异常值的危害是（　　　）。

    A．模型出现过拟合问题   B．模型出现欠拟合问题

    C．模型无法运行   D．以上都不对

2．[多选题]箱线图中可视化的数值有（　　　）。

    A．中位数   B．上四分位数

    C．下四分位数   D．方差

3．[单选题]判断异常值的方法是（　　　）。

    A．一组测定值中与平均值的偏差超过三倍标准差的测定值

    B．过大或过小的值

    C．比较集中的数值

    D．含有缺失值的数据

ML-18-c-001

4．[单选题]需要结合多字段分析的场景是（　　　）。

    A．单字段分析效果差   B．两个字段的关联度高

    C．字段之间无明显关联   D．以上都不对

5．[多选题]可以用作回归算法评估指标的是（　　　）。

    A．MSE   B．R^2（R方）   C．准确率   D．召回率

第 *19* 章

信贷违约预测

本章目标

- 掌握处理数据集字段信息的能力。
- 掌握连续字段和离散字段的处理方式。
- 掌握二分类模型效果的测评方式。
- 掌握模型调参的处理及应用流程。

二分类预测中常见的预测项目场景就是鉴于信贷违约场景进行建模处理，如果可以根据以往数据信息创建一个良好的模型来进行预测，便可以更好地降低银行信贷的坏单率。

本章除了使用不同的模型算法来进行模型预测，还会在数据集中出现类别不平衡问题，以及类别不平衡问题的分析、梳理。

本章包含的一个案例如下：

- 信贷违约预测。

根据提供的数据集信息及特征情况，首先对数据字段进行分析、处理，并保留重要信息字段，然后使用机器学习分类算法进行调参，最后将训练好的模型放入测试集中验证实际的处理效果。本案例所采用的数据集为实际项目比赛数据集，因此本案例具有极大的实战意义。

19.1 数据集分析

随着全球经济的快速发展及资本市场的垄断，受企业发展和人们超前的消费观念的影响，贷款已成为企业和个人解决经济问题的一种重要手段。

对银行或者信贷公司而言，信用卡及信贷服务是高风险和高收益的业务。通过用户的海量数据挖掘出用户潜在的信息（信用评分），并参与审批业务的决策，从而提高风险防控措施。风险防控如果没有监测到位，对银行或信贷公司会造成不可估量的损失，因此这部分的工作是至关重要的。

数据集各字段信息如表 19.1 所示，总计 13 个字段。

表 19.1　数据集各字段信息

字段名称	中文释义	数据类型
id	样本标识符	object
income	用户收入	int64
age	用户年龄	int64
experience_years	用户从业年限	int64
is_married	是否结婚	object
city	居住城市	int64
region	居住地区	int64
current_job_years	现职位工作年限	int64
current_house_years	现房屋居住年数	int64
house_ownership	居住房屋类型：租用、个人、无	object
car_ownership	是否拥有汽车	object
profession	职业	int64
label	是否存在过违约	int64

19.2　案例实现——信贷违约预测

1. 案例目标

（1）掌握字段类型的区分方式。

（2）掌握连续字段的观测方式。

（3）掌握存在类别不平衡问题的项目的效果测评方法。

2. 案例环境

案例环境如表 19.2 所示。

表 19.2 案例环境

硬件	软件	资源
PC 或 AIX-EBoard 人工智能实验平台	Ubuntu 18.04/Windows 10 NumPy 1.21.6 pandas 1.3.5 matplotlib 3.5.1 sklearn 0.20.3 Python 3.7.3 seaborn 0.11.2	train.csv test.csv

3. 案例步骤

本案例的数据集分为训练集和测试集两部分，真实数据处理仅会在训练集中进行数据分析，本案例也会在训练集中模拟真实场景进行处理。

创建代码 loan.py，目录结构如图 19.1 所示。本案例主要包含以下步骤。

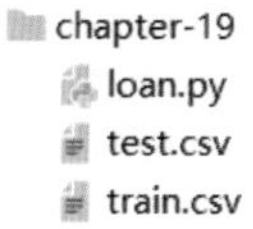

📁 chapter-19
   🐍 loan.py
   📄 test.csv
   📄 train.csv

图 19.1 目录结构

步骤一：导入必要的库。

```python
import numpy as np
np.random.seed(123)
import pandas as pd
pd.set_option('display.max_columns', None)
import matplotlib.pyplot as plt
plt.rcParams['font.sans-serif'] = ['SimHei']
plt.rcParams['axes.unicode_minus']=False
import seaborn as sns
from sklearn.preprocessing import StandardScaler
from sklearn.model_selection import GridSearchCV
from sklearn.linear_model import LogisticRegression
from sklearn.neighbors import KNeighborsClassifier
from sklearn.tree import DecisionTreeClassifier
from sklearn.ensemble import RandomForestClassifier, \
    AdaBoostClassifier, GradientBoostingClassifier
from sklearn.metrics import accuracy_score, \
    classification_report, confusion_matrix, \
    roc_auc_score, roc_curve
import warnings
warnings.filterwarnings('ignore')
```

步骤二：初步数据查看。

```python
# 基础处理
# 读取训练集数据，用于查看、分析
df1 = pd.read_csv('train.csv')
# 读取测试集数据，不用于分析，需要随训练集同步调整数据
df2 = pd.read_csv('test.csv')
# 查看训练集基础信息
print(df1.head())
print(df1.info())
print(df1.describe())

# 字段'id'为主键列，将其删除
del df1['id']
del df2['id']
```

运行代码，通过 df.head()函数查看，无异常值。

通过 df.info()函数查看，数据类型正常，无异常值。

通过 df.describe()函数查看，无异常值。

根据字段描述，字段'id'为主键列，直接删除即可，需要同时在训练集和测试集中进行。

步骤三：连续字段数据分析。

```python
# 连续字段数据分析
col1 = ['income', 'age', 'experience_years', 'city',
        'region', 'current_job_years',
        'current_house_years', 'profession']

for i in col1:
    df1[i].plot(kind='kde')
    plt.title(i)
    plt.show()
```

运行代码，可以查看到，部分连续字段不符合正态分布（见图 19.2，其中，横坐标为字段'region'的数值），在对连续字段进行模型处理前，需要进行标准化预处理。

步骤四：连续字段关联性分析。

```python
# 使用热图查看
corr = df1[col1].corr()
sns.heatmap(corr, annot=True)
```

```
plt.show()
```

运行代码，可以查看到热图效果，如图 19.3 所示，字段'current_house_years'和'experience_years'的皮尔逊相关系数超过 0.6，选择一个字段删除，这里选择将字段'current_job_years'删除，删除字段时保证训练集和测试集都要删除该字段。

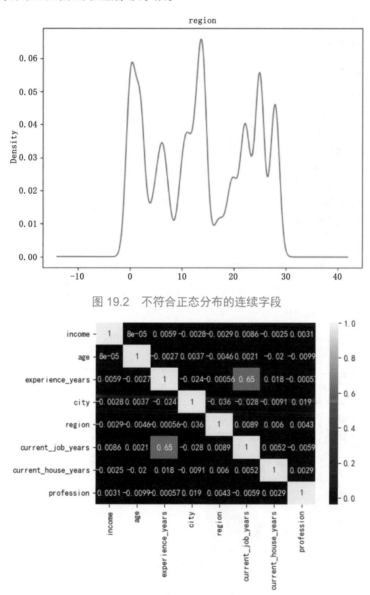

图 19.2　不符合正态分布的连续字段

图 19.3　热图展示效果

```
del df1['current_job_years']
del df2['current_job_years'].
```

步骤五：离散字段数据分析。

```
# 离散字段数据分析
# 分析字段与标签之间的关联度
col2 = ['is_married', 'house_ownership',
        'car_ownership']

for i in col2:
    s0 = df1[i][df1['label'] == 0].value_counts()
    s1 = df1[i][df1['label'] == 1].value_counts()
    df = pd.DataFrame({u'逾期': s1, u'未逾期': s0})
    df.plot(kind='bar')
    plt.title("{}的逾期情况".format(i))
    plt.xlabel(i)
    plt.ylabel(u"比例")
    plt.show()
```

运行代码，查看离散字段和标签间的效果，如图 19.4 所示，无法对字段中每个数值对是否逾期进行分辨，'is_married'、'house_ownership'和'car_ownership'三个字段的可视化效果相似，直接删除字段即可。

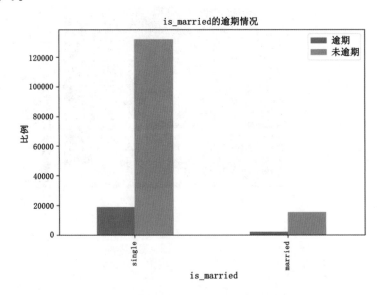

图 19.4 离散字段对逾期结果的分析

```
# 三个字段没有明显效果，删除即可
for i in col2:
    del df1[i]
    del df2[i]
```

步骤六：数据拆分及预处理。

```
# 数据拆分
y_train = df1['label']
x_train = df1.drop('label', 1)
y_test = df2['label']
x_test = df2.drop('label', 1)


# 数据预处理
std = StandardScaler()
x_train = std.fit_transform(x_train)
x_test = std.transform(x_test)
```

步骤七：模型调参。

使用各种分类模型进行模型调参，找到最优参数和最优模型并进行处理，这里对逻辑回归、
k-NN、决策树、随机森林、AdaBoost、GBDT 模型进行对比。

```
# 模型调参
# 创建模型调参参数，简化代码
def adjust_model(estimator, param_grid, model_name):
    model = GridSearchCV(estimator, param_grid, cv=3)
    model.fit(x_train, y_train)
    print('{}模型最优得分：'.format(model_name), model.best_score_)
    print('{}模型最优参数：'.format(model_name), model.best_params_)


lr = LogisticRegression()
pg = {'C': [1, 2, 5, 10, 20]}
adjust_model(lr, pg, '逻辑回归')


knn = KNeighborsClassifier()
pg = {'n_neighbors': [5, 6]}
adjust_model(knn, pg, 'k-NN')


dt = DecisionTreeClassifier()
pg = {'max_depth': [5, 6, 7]}
```

```
adjust_model(dt, pg, '决策树')

rf = RandomForestClassifier()
pg = {'n_estimators': [100, 150]}
adjust_model(rf, pg, '随机森林')

ada = AdaBoostClassifier()
pg = {'base_estimator': [
    DecisionTreeClassifier(max_depth=6),
],
    'n_estimators': [100, 150]
}
adjust_model(ada, pg, 'AdaBoost')

gbdt = GradientBoostingClassifier()
pg = {'n_estimators': [100, 150]}
adjust_model(gbdt, pg, 'GBDT')
```

运行代码，查看运行结果，如图 19.5 所示。可以看出，随机森林模型的效果最好。

逻辑回归模型最优得分： 0.8769345238095237
逻辑回归模型最优参数： {'C': 1}
k-NN模型最优得分： 0.8893452380952381
k-NN模型最优参数： {'n_neighbors': 6}
决策树模型最优得分： 0.8784464285714285
决策树模型最优参数： {'max_depth': 7}
随机森林模型最优得分： 0.8992797619047619
随机森林模型最优参数： {'n_estimators': 150}
AdaBoost模型最优得分： 0.889452380952381
AdaBoost模型最优参数： {'base_estimator': DecisionTreeClassifier(max_depth=6), 'n_estimators': 150}
GBDT模型最优得分： 0.8775178571428571
GBDT模型最优参数： {'n_estimators': 150}

图 19.5　运行结果

步骤八：模型测评。

```
# 使用最优模型进行数据处理及效果验证
rf = RandomForestClassifier(n_estimators=150)
rf.fit(x_train, y_train)
y_ = rf.predict(x_test)
print('准确率：\n', accuracy_score(y_test, y_))
print('分类报告：\n', classification_report(y_test, y_))
print('混淆矩阵：\n', confusion_matrix(y_test, y_))
# 获得预测所有样本为正类别的概率
```

```
y_score = rf.predict_proba(x_test)[:, 1]
print('auc 得分: \n', roc_auc_score(y_test, y_score))
fpr, tpr, _ = roc_curve(y_test, y_score)
plt.plot(fpr, tpr)
plt.title('ROC 曲线')
plt.show()
```

运行代码，查看模型测评数值指标（见图 19.6）及 ROC 曲线（见图 19.7）。在图 19.7 中，横坐标代表 FPR，纵坐标代表 TPR。

ML-19-v-001

```
准确率:
0.8987261904761905
分类报告:
              precision    recall  f1-score   support

           0       0.93      0.95      0.94     73679
           1       0.60      0.52      0.56     10321

    accuracy                           0.90     84000
   macro avg       0.77      0.74      0.75     84000
weighted avg       0.89      0.90      0.90     84000

混淆矩阵:
 [[70112  3567]
 [ 4940  5381]]
auc得分:
 0.9377297199216225
```

图 19.6　模型测评数值指标

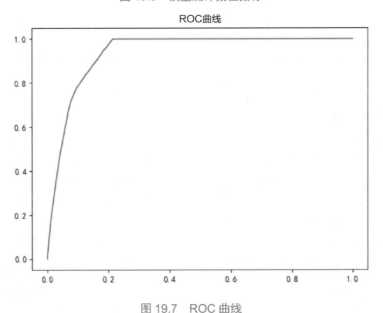

图 19.7　ROC 曲线

4. 案例小结

本案例使用数据集进行二分类结果的预测。

对于本案例可以总结出以下经验。

（1）虽然负样本分类正确率不高，但是贷款类型项目的初衷是更好地对用户进行还款提醒等操作，可以看到无违约记录的精确率很高，已经可以满足当前场景的模型需求。

（2）离散字段不一定需要保留，如果通过可视化分析无法看出离散字段各个数值之间存在差距，那么可以删除当前字段。

（3）连续字段都需要进行标准化或者归一化处理，由此可以提升模型的运行速度及精度。

本章总结

- 二分类项目不一定需要同时考虑正、负类别的精确率和召回率，要根据项目场景，选择合适的指标进行考虑。
- 在对本案例进行类型预测时，样本数量越多，模型的准确率就越高。

作业与练习

ML-19-c-001

1．[单选题]符合二分类场景的项目有（　　　）。

　　A．食品过期预测　　　　　　　　　　B．物品分类

　　C．股市预测　　　　　　　　　　　　D．以上都不对

2．[多选题]针对连续字段进行分析，常用的方式有（　　　）。

　　A．热图分析　　　　　　　　　　　　B．查看字段分布状态

　　C．频数统计　　　　　　　　　　　　D．均值、方差

3．[单选题]df.corr()函数获取的是字段间的（　　　）。

　　A．协方差　　　　　　　　　　　　　B．皮尔逊相关系数

　　C．方差　　　　　　　　　　　　　　D．异常值

4．[单选题]sns.heatmap 函数中用于显示具体数值的是（　　　）。

　　A．annot　　　　　　B．data　　　　　　C．vmax　　　　　　D．以上都不对

5．[多选题]二分类独有的测评指标有（　　　）。

　　A．ROC 曲线　　　　B．AUC　　　　　　C．准确率　　　　　D．召回率

第 20 章

胎儿健康分类预测

本章目标

- 掌握处理数据集字段信息的能力。
- 掌握连续字段和离散字段的处理方式。
- 掌握模型是否过拟合的判断方法及处理方式。
- 掌握多分类项目的评估及解析方式。

多分类预测是在人工智能领域当中常用的一种项目处理类型，可用于物品分类、病症判断、天气预测等工业、农业及生活应用领域。

本章除了使用不同的模型算法来进行模型预测，还使用学习率曲线来观察、分析各个优秀模型的学习过程，从而分析、判断出有较强鲁棒性的算法。

本章包含的一个案例如下：

- 胎儿健康分类预测。

根据提供的数据集信息及特征情况，首先对数据字段进行分析、处理，并保留重要信息字段，然后使用机器学习分类算法进行调参，最后使用学习率曲线对高得分算法进行鲁棒性查看，获取最优模型，并查看模型测评效果。

20.1 数据集分析

心电图（ECG）是评估胎儿健康的一种简单且成本可承受的选择，可以降低胎儿的死亡概率。心电图设备本身通过发送超声波脉冲并读取其响应来工作，从而为胎心率（FHR）、胎运动、子宫收缩等方面的监测提供了方便。

本案例所使用的数据集包含从心电图检查中提取的 2126 条特征记录，由专业医生分为 3 类：正常、疑似和病理性。本案例通过心电图内容分析，预测胎儿健康状态。

20.2　案例实现——胎儿健康分类预测

1. 案例目标

（1）掌握字段类型的区分方式。

（2）掌握连续字段的观测方式。

（3）掌握学习率曲线的应用方法。

2. 案例环境

案例环境如表 20.1 所示。

表 20.1　案例环境

硬件	软件	资源
PC 或 AIX-EBoard 人工智能实验平台	Ubuntu 18.04/Windows 10 NumPy 1.21.6 pandas 1.3.5 sklearn 0.20.3 Python 3.7.3	fetal_health.csv

3. 案例步骤

本案例分为 3 部分，分别是数据过滤、数据预处理、建模与评估，编写 3 段代码以完成案例的 3 部分。

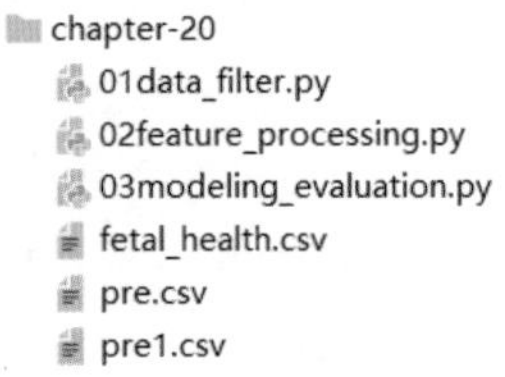

chapter-20
　01data_filter.py
　02feature_processing.py
　03modeling_evaluation.py
　fetal_health.csv
　pre.csv
　pre1.csv

1）数据过滤

该部分主要对数据集进行查看，以确定是否存在脏数据、异常值、缺失值等，并将处理后的数据用于后续处理。

创建代码 01data_filter.py，目录结构如图 20.1 所示。数据过滤主要包含以下步骤。

图 20.1　目录结构

步骤一：初步数据查看。

```
import pandas as pd
pd.set_option('display.max_columns', None)
```

```
pd.set_option('display.max_rows', None)

df = pd.read_csv('fetal_health.csv')
print(df.head())
print(df.info())
print(df.describe())
```

运行代码，通过 df.head()函数的输出效果可以看出无异常值。

通过 df.info()函数的输出效果可以看出，数据类型正常，无异常值。

通过 df.describe()函数的输出效果可以看出，字段'fetal_movement'、'severe_decelerations'、'prolongued_decelerations'、'percentage_of_time_with_abnormal_long_term_variability'、'histogram_num-ber_of_zeroes'、'histogram_tendency'中的大部分数值为同一种数值，需要分辨是不是离散字段，如图 20.2 所示。

	histogram_max	histogram_number_of_peaks	histogram_number_of_zeroes \
count	2126.000000	2126.000000	2126.000000
mean	164.025400	4.068203	0.323612
std	17.944183	2.949386	0.706059
min	122.000000	0.000000	0.000000
25%	152.000000	2.000000	0.000000
50%	162.000000	3.000000	0.000000
75%	174.000000	6.000000 大部分数值为0	0.000000
max	238.000000	18.000000	10.000000

图 20.2　字段中的大部分数值为同一种数值

步骤二：连续字段、离散字段判断。

```
# 对可能是离散型的字段进行频数统计并查看
col = ['fetal_movement', 'severe_decelerations',
       'prolongued_decelerations',
       'percentage_of_time_with_abnormal_long_term_variability',
       'histogram_number_of_zeroes', 'histogram_tendency']

for i in col:
    print(df[i].value_counts())
```

运行代码，可以在控制台查看各个字段数值的频数。

字段'histogram_tendency'的频数效果如图 20.3 所示，字段'histogram_tendency'仅有 3 个数值，可以作为离散字段处理。

字段'histogram_number_of_zeroes'的频数效果如图 20.4 所示，字段'histogram_number_of_zeroes'中的部分数值频数较低，可以进行合并处理。

字段'fetal_movement'的频数效果如图 20.5 所示，字段'fetal_movement'中的大部分数值频数为 1，属于标准的连续字段，后续再进行处理。

```
0.0     1115
1.0      846
-1.0     165
Name: histogram_tendency, dtype: int64
```

图 20.3   字段'histogram_tendency'的频数效果

```
0.0     1624
1.0      366
2.0      108
3.0       21
4.0        2
5.0        2
10.0       1
8.0        1
7.0        1
Name: histogram_number_of_zeroes, dtype: int64
```

图 20.4   字段'histogram_number_of_zeroes'的频数效果

```
0.038     1
0.047     1
0.091     1
0.055     1
0.092     1
0.065     1
0.115     1
0.079     1
0.109     1
0.103     1
0.031     1
0.099     1
Name: fetal_movement, dtype: int64
```

图 20.5   字段'fetal_movement'的频数效果

步骤三：处理字段，保存数据集。

根据字段的词频处理结果，进行相对处理，并将处理后的结果保存备用。

```
# 字段'severe_decelerations' 是离散字段
def fn1(x):
    if x == 0.000:
        return 0
    else:
        return 1
df['severe_decelerations'] = \
    df['severe_decelerations'].map(fn1)
```

```
# 对字段'prolongued_decelerations'中的数据进行合并
def fn2(x):
    if x == 0.000:
        return 0
    elif x == 0.001:
        return 1
    elif x == 0.002:
        return 2
    else:
        return 3
df['prolongued_decelerations'] = \
    df['prolongued_decelerations'].map(fn2)


# 对字段'histogram_number_of_zeroes'中的数据进行合并
def fn3(x):
    if x == 0.0:
        return 0
    elif x == 1.0:
        return 1
    elif x == 2.0:
        return 2
    else:
        return 3
df['histogram_number_of_zeroes'] = \
    df['histogram_number_of_zeroes'].map(fn3)


df.to_csv('pre.csv', index=None)
```

运行代码，可保存临时处理文件 pre.csv 作为后续处理应用数据集。

2）数据预处理

该部分分别对离散特征和连续特征进行分析、处理，查找二者与标签之间的关联性。

创建代码 02feature_processing.py，目录结构如图 20.1 所示。数据预处理主要包含以下步骤。

步骤一：初步数据查看。

调用上一段代码输出的 csv 文件，检查信息。

```
import pandas as pd
pd.set_option('display.max_columns', None)
import matplotlib.pyplot as plt
```

```
plt.rcParams['font.sans-serif'] = ['SimHei']
plt.rcParams['axes.unicode_minus'] = False
import seaborn as sns

# 进行查看
df = pd.read_csv('pre.csv')
# print(df.head())
```

步骤二：离散特征数据分析。

```
# 查看离散特征和标签之间的关系
def feature_to_plot(column):
    # 针对当前特征，分析是否患病对应的比例
    s0 = df[column][df['fetal_health'] == 1.0].value_counts()
    s1 = df[column][df['fetal_health'] == 2.0].value_counts()
    s2 = df[column][df['fetal_health'] == 3.0].value_counts()
    # 进行可视化处理
    df1 = pd.DataFrame({u'未患病': s0, u'可疑': s1, u'患病': s2})
    df1.plot(kind='bar')
    plt.title("{}对于患病分析".format(column))
    plt.xlabel(column)
    plt.ylabel("人数")
    plt.show()


feature_columns = ['severe_decelerations',
                   'prolongued_decelerations',
                   'histogram_number_of_zeroes']


for i in feature_columns:
    feature_to_plot(i)
```

运行代码，显示特征与标签之间的关系，常见以下几种分布图。

如图 20.6 所示，字段'severe_decelerations'对标签处理效果不佳，可以直接删除。（字段 'histogram_number_of_zeroes'效果类似）

如图 20.7 所示，字段'prolongued_decelerations'对标签检测效果较好，可以看到不同数值之间的三种类别有明显差异。

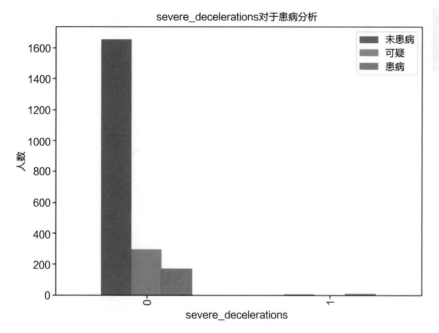

图 20.6　数值之间无差异

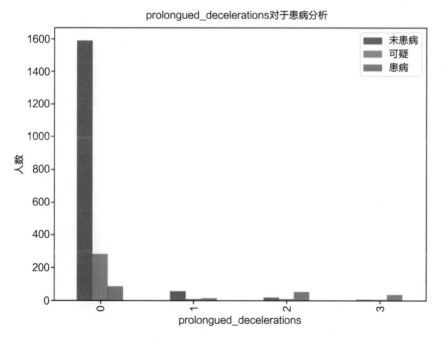

图 20.7　数值之间存在差异

步骤三：离散字段处理。

```
# 字段'severe_decelerations'、'histogram_number_of_zeroes'对结果预测没有效果
del df['severe_decelerations']
del df['histogram_number_of_zeroes']


# 字段'prolongued_decelerations'对结果预测效果好
def fn1(x):
    if x == 0:
        return 0
    elif x == 1:
        return 1
    else:
        return 2
df['prolongued_decelerations'] = \
    df['prolongued_decelerations'].map(fn1)
```

步骤四：连续字段数据分析。

查看连续字段数据密度，判断其是否符合正态分布。

```
col1 = ['baseline value', 'accelerations', 'fetal_movement',
        'uterine_contractions', 'light_decelerations',
        'abnormal_short_term_variability',
        'mean_value_of_short_term_variability',
        'percentage_of_time_with_abnormal_long_term_variability',
        'mean_value_of_long_term_variability', 'histogram_width',
        'histogram_min', 'histogram_max', 'histogram_number_of_peaks',
        'histogram_mode', 'histogram_mean',
        'histogram_median', 'histogram_variance',
        'histogram_tendency']


for i in col1:
    df[i].plot(kind='kde')
    plt.show()
```

运行代码，显示如图 20.8 所示的图像（其中，横坐标为字段'accelerations'的数值），可以看出，所有连续字段数据均符合正态分布。

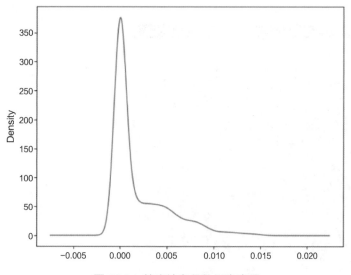

图 20.8　某连续字段数据密度图

步骤五：连续字段关联性分析。

使用皮尔逊相关系数，查看连续特征之间的相似度，若相似度超过 0.6，则直接删除。

```
# 数据具有明显分布特征，检查离散数据之间的相似度
plt.rcParams['figure.figsize']=(15,10)
corr = df[col1].corr()
sns.heatmap(corr, annot=True, )
plt.show()
```

运行代码，可以查看到热图展示效果，如图 20.9 所示，根据内容信息，后续对相似度高的字段进行处理。

步骤六：删除相似度高的字段，保存数据集。

```
del_col = ['histogram_width', 'histogram_min',
           'histogram_max', 'histogram_number_of_peaks',
           'histogram_mode', 'histogram_mean',
           'histogram_median', ]


for i in del_col:
    del df[i]


df.to_csv('pre1.csv')
```

运行代码，可保存临时处理文件 pre1.csv 作为后续处理应用数据集。

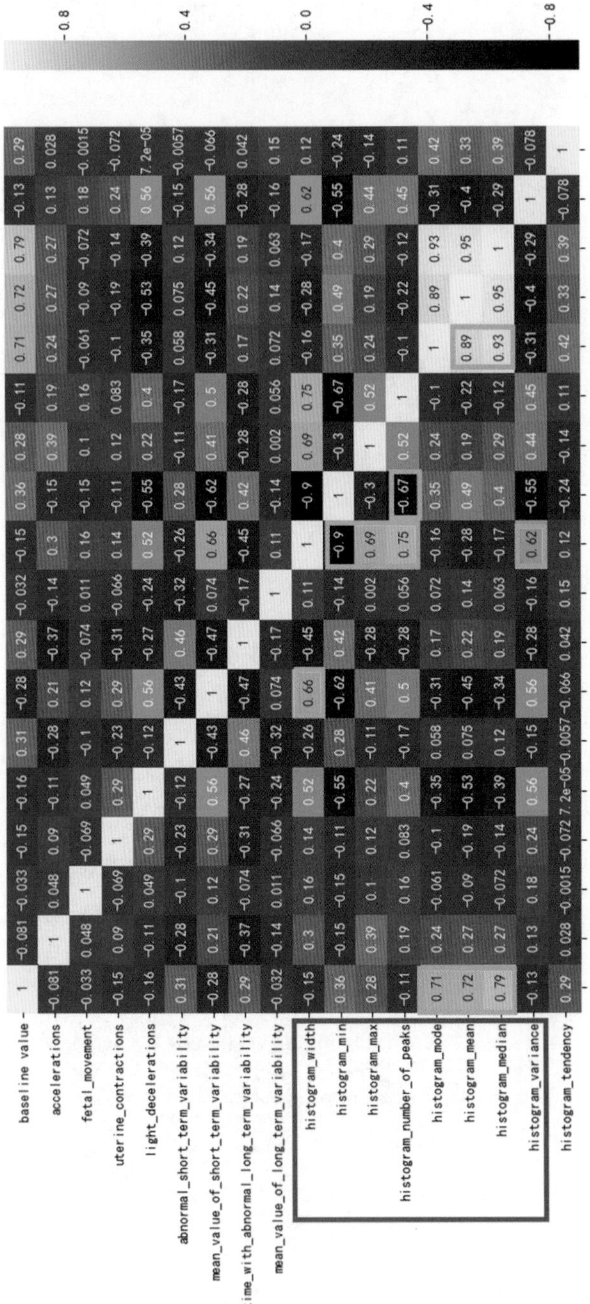

图 20.9 热图展示效果

3）建模与评估

对之前处理的数据进行操作，完成建模与评估，查看最终的预测效果。创建代码 03modeling_evaluation.py，目录结构如图 20.1 所示。建模与评估主要包含以下步骤。

步骤一：导入相关库。

主要导入关于模型处理库及可以处理多分类问题的机器学习模型库及评估指标模块。

```python
import numpy as np
import pandas as pd
pd.set_option('display.max_columns', None)
import matplotlib.pyplot as plt
plt.rcParams['font.sans-serif'] = ['SimHei']
from sklearn.preprocessing import StandardScaler, OneHotEncoder
from sklearn.model_selection import train_test_split, \
    GridSearchCV, learning_curve
from sklearn.linear_model import LogisticRegression
from sklearn.neighbors import KNeighborsClassifier
from sklearn.tree import DecisionTreeClassifier
from sklearn.ensemble import RandomForestClassifier, \
    AdaBoostClassifier, GradientBoostingClassifier
from sklearn.metrics import classification_report, confusion_matrix
import warnings
warnings.filterwarnings('ignore')
```

步骤二：数据处理。

针对之前处理的数据，将其拆分为训练集、测试集，并对特征进行标准化、独热编码处理。

```python
# 数据处理
df = pd.read_csv('pre1.csv')


y = df[['fetal_health']]
x = df.drop('fetal_health', 1)


x_train, x_test, y_train, y_test = train_test_split(x, y, test_size=0.2,
random_state=324)

# 将离散值转换为独热编码形式
onehot = OneHotEncoder()
x_onehot_train                                                          =
onehot.fit_transform(x_train[['prolongued_decelerations']]).toarray()
```

```
    x_onehot_test                                                        =
onehot.transform(x_test[['prolongued_decelerations']]).toarray()

    # 去除离散值，对连续值进行标准化处理
    x_train = x_train.drop('prolongued_decelerations', 1)
    x_test = x_test.drop('prolongued_decelerations', 1)
    std = StandardScaler()
    x_std_train = std.fit_transform(x_train)
    x_std_test = std.transform(x_test)

    # 拼接处理后的连续值和离散值
    x_train = np.c_[x_std_train, x_onehot_train]
    x_test = np.c_[x_std_test, x_onehot_test]
```

步骤三：模型调参。

分别使用逻辑回归、k-NN、决策树、随机森林、AdaBoost、GBDT 模型进行训练，找到最优模型和参数。

```
    # 模型调参
    # 创建模型调参参数，简化代码
    def adjust_model(estimator, param_grid, model_name):
        model = GridSearchCV(estimator, param_grid)
        model.fit(x_train, y_train)
        print('{}模型最优得分: '.format(model_name), model.best_score_)
        print('{}模型最优参数: '.format(model_name), model.best_params_)

    lr = LogisticRegression()
    pg = {'C': [1, 2, 5, 10, 20, 50]}
    adjust_model(lr, pg, '逻辑回归')

    knn = KNeighborsClassifier()
    pg = {'n_neighbors': [3, 4, 5, 6, 7]}
    adjust_model(knn, pg, 'k-NN')

    dt = DecisionTreeClassifier()
    pg = {'max_depth': [3, 4, 5, 6]}
    adjust_model(dt, pg, '决策树')

    rf = RandomForestClassifier()
    pg = {'max_depth': [3, 4, 5, 6],
```

```
                'n_estimators':[50, 100, 150, 200]}
adjust_model(rf, pg, '随机森林')


ada = AdaBoostClassifier()
pg = {'base_estimator': [DecisionTreeClassifier(max_depth=5),
                         DecisionTreeClassifier(max_depth=6),
                         DecisionTreeClassifier(max_depth=7)],
      'n_estimators': [50, 100, 150]
      }
adjust_model(ada, pg, 'AdaBoost')


gbdt = GradientBoostingClassifier()
pg = {'n_estimators': [50, 100, 150]}
adjust_model(gbdt, pg, 'GBDT')
```

运行代码,查看各模型最优得分及最优参数,运行结果如图 20.10 所示。可以看出,AdaBoost
和 GBDT 模型的效果都很好。

```
逻辑回归模型最优得分: 0.9
逻辑回归模型最优参数: {'C': 1}
k-NN模型最优得分: 0.9129411764705881
k-NN模型最优参数: {'n_neighbors': 5}
决策树模型最优得分: 0.931764705882353
决策树模型最优参数: {'max_depth': 6}
随机森林模型最优得分: 0.9329411764705883
随机森林模型最优参数: {'max_depth': 6, 'n_estimators': 150}
AdaBoost模型最优得分: 0.9452941176470588
AdaBoost模型最优参数: {'base_estimator': DecisionTreeClassifier(max_depth=5)
GBDT模型最优得分: 0.9482352941176471
GBDT模型最优参数: {'n_estimators': 50}
```

图 20.10　运行结果

步骤四:模型鲁棒性检测。

使用学习率曲线,对 AdaBoost 和 GBDT 算法的效果进行检测。

```
# 使用学习率曲线, 对比 AdaBoost 和 GBDT 两个算法的优缺点
# 学习率曲线主要用于判断模型是否出现过拟合
def plot_learning_curve(estimator, title, X, y, ylim=None, cv=5, n_jobs=1,
                 train_sizes=np.linspace(.05,  1.,  10),  verbose=0,
plot=True):
    # 调用学习率曲线
    train_sizes, train_scores, test_scores = learning_curve(
        estimator, X, y, cv=cv, n_jobs=n_jobs, train_sizes=train_sizes,
verbose=verbose)
```

```python
# 分别计算训练和测试的均分和得分标准差
train_scores_mean = np.mean(train_scores, axis=1)
train_scores_std = np.std(train_scores, axis=1)
test_scores_mean = np.mean(test_scores, axis=1)
test_scores_std = np.std(test_scores, axis=1)

if plot:
    plt.figure()
    plt.title(title)
    if ylim is not None:
        plt.ylim(*ylim)
    plt.xlabel(u"训练样本数")
    plt.ylabel(u"得分")
    plt.gca().invert_yaxis()
    plt.grid()

    # 绘制均值，标准差范围
    plt.fill_between(train_sizes, train_scores_mean - train_scores_std,
                    train_scores_mean + train_scores_std, alpha=0.1,
color="b")
    plt.fill_between(train_sizes, test_scores_mean - test_scores_std,
                    test_scores_mean + test_scores_std, alpha=0.1,
color="r")
    plt.plot(train_sizes, train_scores_mean, 'o-', color="b", label=u"
训练集上得分")
    plt.plot(train_sizes, test_scores_mean, 'o-', color="r", label=u"
交叉验证集上得分")

    plt.legend(loc="best")
    plt.show()


ada         =         AdaBoostClassifier(DecisionTreeClassifier(max_depth=5),
n_estimators=100)
plot_learning_curve(ada, title='AdaBoost', X = x_train, y = y_train)

gbdt = GradientBoostingClassifier(n_estimators=50)
plot_learning_curve(gbdt, title='GBDT', X = x_train, y = y_train)
```

运行代码，显示 AdaBoost 和 GBDT 两个算法的学习率曲线，可见 AdaBoost 算法随着数据

量的增加，训练得分一直维持在 1.00，出现过拟合现象，该模型效果差，如图 20.11 和图 20.12
所示。

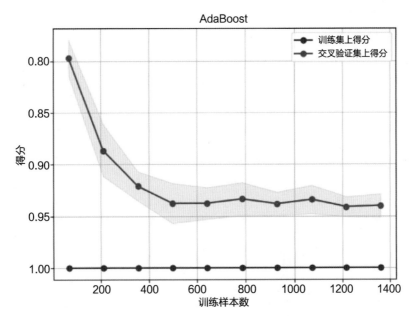

图 20.11　AdaBoost 算法的学习率曲线

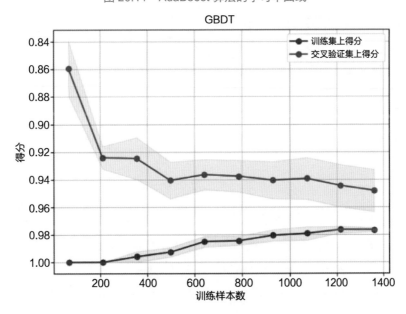

图 20.12　GBDT 算法的学习率曲线

步骤五：模型测评。

使用 GBDT 算法进行测试集处理，查看得分。

```
# 模型评估，使用 GBDT 算法
gbdt.fit(x_train, y_train)
y_ = gbdt.predict(x_test)
print('分类报告: \n', classification_report(y_test, y_))
print('混淆矩阵: \n', confusion_matrix(y_test, y_))
```

运行代码，分类报告和混淆矩阵分别如图 20.13 和图 20.14 所示。

ML-20-v-002

分类报告：

```
              precision    recall  f1-score   support

         1.0       0.97      0.99      0.98       344
         2.0       0.96      0.85      0.90        53
         3.0       1.00      0.97      0.98        29

    accuracy                           0.97       426
   macro avg       0.98      0.94      0.96       426
weighted avg       0.97      0.97      0.97       426
```

混淆矩阵：

```
[[342   2   0]
 [  8  45   0]
 [  1   0  28]]
```

图 20.13　分类报告　　　　　　　　　　　　　图 20.14　混淆矩阵

4. 案例小结

本案例使用数据集进行多分类结果的预测。

对于本案例可以总结出以下经验。

（1）在多个连续特征之间，要使用皮尔逊相关系数观察关联性，降低模型计算的复杂程度。

（2）对离散字段中数量过少的数值需要进行合并处理。

（3）利用学习率曲线可以有效查看模型是否出现过拟合问题。

（4）本案例对字段没有充分解读，预测效果还不能达到完美效果。

本章总结

- 学习率曲线可以进行可视化处理，能够更好地对模型进行解读。
- 可以通过 describe()、value_counts() 函数查看字段类型。
- 多分类评估指标和二分类类似，也可以查看各个类别之间的预测关系。

作业与练习

1．[单选题]在利用热图处理连续字段时，相似度超过（ ）就可以删除其中一个。

A．0.6 B．0.8 C．1 D．0.5

2．[多选题]在学习率曲线的绘制过程中，需要的参数有（ ）。

A．均值 B．上四分位数

C．标准差 D．学习率

3．[单选题]学习率曲线的主要作用是（ ）。

A．查看迭代过程中学习率的变化 B．查看模型是否出现过拟合问题

C．查找最优模型 D．查找最优参数

4．[单选题] plt.fill_between 函数中参数 alpha 的作用是（ ）。

A．显示大小 B．绘制线型

C．绘制粗细 D．绘制透明度

5．[多选题]多分类项目可以使用的评估指标有（ ）。

A．准确率 B．召回率

C．精确率 D．混淆矩阵

ML-20-c-001

第 *21* 章

淘宝用户画像处理

本章目标

- 掌握用户画像的意义与分析、处理方式。
- 掌握通过用户画像分析用户群体信息的方法。
- 掌握电商领域中字段的分析、处理方式。
- 掌握用户画像字段的分析、处理方式。

用户价值分析是电商平台中一种常用的分析手段。本章会对字段内容进行更深入地分析和处理,从而能够更好地对商品及用户之间的关系进行梳理,以此制定对应的营销手段,提升营销收益。

本章除了对字段进行分析、处理,还用到 RFM 模型对用户类别进行分析,以及使用雷达图对用户数据进行更好的体现。

本章包含的一个案例如下:

- 淘宝用户画像处理。

根据提供的真实淘宝数据进行分析,处理字段中的重要信息,将其转化为项目中实用的数据字段。使用聚类进行用户价值分析,使用雷达图对用户的特性进行体现,并根据雷达图得出相关结论。

21.1 数据集分析

本案例基于淘宝 App 数据,对用户行为进行分析,从而探索用户的潜在价值。

本案例处理过程中使用更多的用户画像字段分析方式，对字段进行深入地分析、挖掘，更好地体现了用户画像对人群区分的处理。

该数据集包含 2014 年 11 月 18 日与 2014 年 12 月 18 日之间淘宝 App 一个月内的用户行为数据。该数据有 12 256 906 条记录，共 6 行数据，如表 21.1 所示。

表 21.1 数据集各字段信息

字段名称	中文释义	数据类型	备注
user_id	用户 ID	int	非唯一值
item_id	商品 ID	int	非唯一值
behavior_type	行为类型	int	1. 点击网页 2. 收藏商品 3. 加入购物车 4. 购买支付
user_geohash	用户位置	object	有缺失信息
item_category	商品类别	int	非唯一值
time	用户行为发生的时间	object	无

21.2 用户画像

21.2.1 用户画像概述

用户画像是指根据用户属性、用户偏好、用户生活习惯、用户行为等信息而抽象出来的标签化用户模型，也就是给用户打标签，而标签是通过对用户数据进行分析所获得的符合项目场景需求的数据信息。通过打标签，可以对用户进行更详细、更合理的描述。

用户画像是对现实世界中的用户进行建模，用户画像处理要遵守以下 4 个原则。

（1）目标：确立目标可以更好地通过数据对用户的特点进行刻画。

（2）方式：一般针对数据集中的字段进行分析，从而获取用户画像相关特征。

（3）标准：使用常见的场景模型处理准则（如电商场景下的 RFM 模型）来提取用户画像相关特征。

（4）验证：处理得到的用户画像结果，需要符合业务场景逻辑。

用户画像在互联网、电商领域常用于精准营销、推荐系统的基础处理，其作用总体包括以下 5 点。

（1）精准营销：根据用户行为数据，分析产品的潜在用户和用户潜在需求，针对特定群体，利用短信、邮件等方式进行营销。

（2）用户统计：根据用户的属性、行为特征对用户进行分类后，统计不同特征下的用户数量、分布（如采用 RFM 模型）；分析不同用户画像群体的分布特征。

（3）数据挖掘：以用户画像为基础构建推荐系统、搜索引擎、广告投放系统，提升服务精准度。

（4）服务产品：对产品进行用户画像梳理，进而对产品进行受众分析，更透彻地理解用户使用产品的心理动机和行为习惯，更好地推广产品，提升产品销售量。

（5）行业报告、用户研究：通过对用户画像进行分析，可以了解行业动态，如人群消费习惯、消费偏好分析、不同地域品类消费差异分析，更精确地对服务方式进行调整，更有效地分配资源。

21.2.2　用户画像所需数据

一般来说，根据不同的业务内容，会有不同的业务目标，也会使用不同的数据。在互联网领域，用户画像所需数据有以下几种。

（1）人口属性：性别、年龄、学历等个人的基本信息。

（2）兴趣特征：浏览内容、收藏内容、加购物车内容、购买物品偏好等。

（3）消费特征：消费时间、消费金额、消费领域等。

（4）位置特征：所处城市、地理位置、运动轨迹。

（5）设备属性：使用的电子计算机、便携式计算机或者手机的品牌、性能等。

（6）行为数据：访问时间、浏览路径等用户在网站的行为日志数据。

（7）社交数据：关注的人物、聊天内容等信息。

21.3　案例实现——淘宝用户画像处理

1. 案例目标

（1）掌握字段类型的区分方式。

（2）掌握 k-Means 算法的实际应用方法。

（3）熟悉雷达图的绘制方法。

2. 案例环境

案例环境如表 21.2 所示。

表 21.2　案例环境

硬件	软件	资源
PC 或 AIX-EBoard 人工智能实验平台	Ubuntu 18.04/Windows 10 NumPy 1.21.6 pandas 1.3.5 matplotlib 3.5.1 sklearn 0.20.3 Python 3.7.3	taobao2014.csv

3. 案例步骤

本案例分为 3 部分，分别是数据过滤、数据预处理、建模与评估，编写 3 段代码以完成案例的 3 部分。

1）数据过滤

该部分主要对数据集进行查看，并对日期类型字段进行拆分处理。

创建代码 01data_filter.py，目录结构如图 21.1 所示。数据过滤主要包含以下步骤。

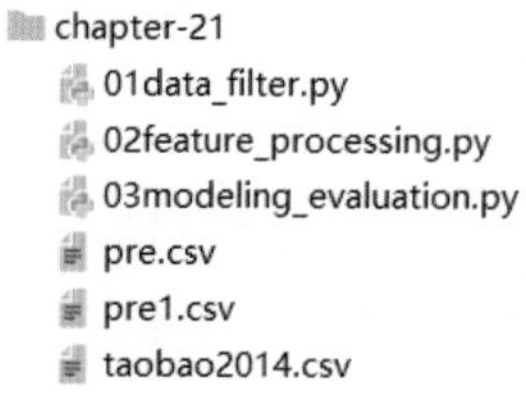

步骤一：查看有效数据信息。

📁 chapter-21
　📄 01data_filter.py
　📄 02feature_processing.py
　📄 03modeling_evaluation.py
　📄 pre.csv
　📄 pre1.csv
　📄 taobao2014.csv

图 21.1　目录结构

```python
import pandas as pd
pd.set_option('display.max_columns', None)

df = pd.read_csv('taobao2014.csv')
# 数据集样本总数量
num = df.shape[0]
# 本次只处理购买用户的信息，直接进行筛选，节省运行时间
# 有购买行为的用户的 user_id，显示唯一值
user_id = df[df['behavior_type']==4]['user_id'].unique()
df = df[df['user_id'].isin(user_id)]
# 有效数据量
num1 = df.shape[0]
print('整体数据量为%d' % num)
print('有效数据量为%d' % num1)
print('有效数据占比为%.2f%%' % (num1/num*100))
```

运行代码，查看数据信息反馈结果，如图 21.2 所示，可见有效数据比例很高。

整体数据量为12256906
有效数据量为11759030
有效数据占比为95.94%

图 21.2　数据信息反馈结果

步骤二：处理字段，保存数据集。

```python
# 对字段'time'进行处理
# 将字段'time'的数据分割出购买商品的日期和小时
df['date'] = df['time'].map(lambda x: x[:-3])
df['hour'] = df['time'].map(lambda x: x[-2:])
del df['time']
# 将缺失值过多的字段删除
del df['user_geohash']
print(df.head())
# 将处理后的数据存储
df.to_csv('pre.csv', index=None)
```

运行代码，可保存临时处理文件 pre.csv 作为后续处理应用数据集。

2）数据预处理

针对现有字段进行挖掘，获取符合用户画像的字段信息。

创建代码 02feature_processing.py，目录结构如图 21.1 所示。数据预处理主要包含以下步骤。

步骤一：初步数据查看。

```python
import pandas as pd
pd.set_option('display.max_columns', None)
import matplotlib.pyplot as plt
plt.rcParams['font.sans-serif'] = ['SimHei']
plt.rcParams['axes.unicode_minus'] = False
from datetime import datetime

df = pd.read_csv('pre.csv')
print(df.head())

# 查看数据情况
print('商品类别频数：\n', df['item_category'].value_counts()[:5])
print('小时频数：\n', df['hour'].value_counts()[:5])
```

运行代码，得到当前前 5 行数据信息、商品类别频数及小时频数，如图 21.3 所示。

```
     user_id      item_id  behavior_type  item_category       date  hour
0   98047837    232431562              1           4245  2014-12-06     2
1   97726136    383583590              1           5894  2014-12-09    20
2   98607707     64749712              1           2883  2014-12-18    11
3   98662432    320593836              1           6562  2014-12-06    10
4   98145908    290208520              1          13926  2014-12-16    21
商品类别频数：
 1863     379164
13230     344846
5027      323034
5894      315339
6513      285046
Name: item_category, dtype: int64
小时频数：
 21     1040079
22      1038916
20       892105
23       812658
19       701264
Name: hour, dtype: int64
```

图 21.3　前 5 行数据信息、商品类别频数及小时频数

步骤二：用户购买频数统计。

```python
# 用户购买频数统计
# 统计购买频数可以更好地对用户产生的价值进行分析
# 对购买频数进行加权处理，可以得到更好的字段效果
# 近 7 天的购买权重为 1，近 30 天的购买权重为 0.6，30 天之前的购买权重为 0.2
# 以最后日期为 12 月 18 日进行日期推断
# 7 天前为 12 月 11 日，30 天前为 11 月 18 日

# 将字段'datetime'的数据类型转化为日期类型
df['date'] = pd.to_datetime(df["date"])

# 近 7 天的数据信息
df_7 = df[df['date']>datetime.strptime('2014.12-11', '%Y-%m-%d')]

df_7_buy  =  df_7[df_7['behavior_type']==4].groupby('user_id')['date'].
count()
df_7_buy = df_7_buy.reset_index().rename(columns={'date': '7days'})
print('近 7 天用户购买频数统计：\n', df_7_buy.head())

# 近 30 天的数据信息
df_30 = df[df['date']>datetime.strptime('2014.11-18', '%Y-%m-%d')]
```

```
    df_30_buy = df_30[df_30['behavior_type']==4].groupby('user_id')['date'].
count()
    df_30_buy = df_30_buy.reset_index().rename(columns={'date': '30days'})
    print('近30天用户购买频数统计：\n', df_30_buy.head())

    # 30 天前的数据信息
    df_31 = df[df['date']<=datetime.strptime('2014.11-18', '%Y-%m-%d')]

    df_31_buy = df_31[df_31['behavior_type']==4].groupby('user_id')['date'].
count()
    df_31_buy = df_31_buy.reset_index().rename(columns={'date': 'before'})
    print('30天前用户购买频数统计：\n', df_31_buy.head())
```

运行代码，可以查看各时间段用户购买频数信息，如图 21.4 所示。

```
近7天用户购买频数统计：
   user_id  7days
0     4913      2
1     6118      1
2     7528      1
3     7591      6
4    12645      2
近30天用户购买频数统计：
   user_id  30days
0     4913       6
1     6118       1
2     7528       6
3     7591      21
4    12645       8
30天前用户购买频数统计：
    user_id  before
0     54056       1
1     79824       2
2     88930       2
3    247543       5
4    475826       3
```

图 21.4　各时间段用户购买频数信息

步骤三：用户购买频数合并。

```
    # 将处理得到的 3 个 df 数据合并，计算每个用户的购买频数
    df_buy = pd.merge(df_7_buy, df_30_buy, on="user_id")
    df_buy = pd.merge(df_buy, df_31_buy, on="user_id")
    print('用户购买频数统计：\n', df_buy.head())

    # 按照设计方式计算频数
```

```
# 近7天的购买权重为1，近30天的购买权重为0.6，30天之前的购买权重为0.2
df_buy['fre'] = 1 * df_buy['7days'] + \
            0.6 * df_buy['30days'] + \
            0.2 * df_buy['before']
# 去除无用列
del df_buy['7days']
del df_buy['30days']
del df_buy['before']
print('用户购买频数加权统计：\n', df_buy.head())
```

运行代码，可以查看用户购买频数统计合并数据及加权频数结果，如图 21.5 所示。

```
用户购买频数统计：
        user_id  7days  30days  before
0         79824      6      11       2
1         88930      6      21       2
2        247543      5      18       5
3        475826     34     107       3
4        501286     11      13       2
用户购买频数加权统计：
        user_id    fre
0         79824   13.0
1         88930   19.0
2        247543   16.8
3        475826   98.8
4        501286   19.2
```

图 21.5　用户购买频数统计合并数据及加权频数结果

步骤四：用户活跃度统计。

```
# 用户活跃度
# 该字段可以用于分析用户浏览、收藏、加购物车的数量，还可用于分析购买欲
# 对每种行为进行加权处理，浏览的权重为0.2，收藏的权重为0.5，加购物车的权重为0.8

# 用户浏览量
df_view = df[df['behavior_type']==1].groupby('user_id')['item_id'].count()
df_view = df_view.reset_index().rename(columns={'item_id': 'view'})
print('用户浏览量统计：\n', df_view.head())

# 用户收藏量
df_collect  =  df[df['behavior_type']==2].groupby('user_id')['item_id'].
count()
    df_collect = df_collect.reset_index().rename(columns={'item_id': 'collect'})
```

```
print('用户收藏量统计: \n', df_collect.head())

# 用户加购物车量
df_cart = df[df['behavior_type']==3].groupby('user_id')['item_id'].count()
df_cart = df_cart.reset_index().rename(columns={'item_id': 'cart'})
print('用户加购物车量统计: \n', df_cart.head())
```

运行代码，可以查看不同状态下的用户活跃度，如图 21.6 所示。

```
用户浏览量统计:
      user_id   view
0       4913   1658
1       6118    112
2       7528    183
3       7591    824
4      12645    248
用户收藏量统计:
      user_id   collect
0       4913       49
1       6118        4
2       7528        1
3      12645        2
4      54056        2
用户加购物车量统计:
      user_id   cart
0       4913     29
1       7528     24
2       7591     14
3      12645     10
4      63348     13
```

图 21.6 用户不同状态下的活跃度统计

步骤五：用户活跃度合并。

```
# 将处理得到的 3 个 df 数据合并，计算每个用户的活跃度
df_active = pd.merge(df_view, df_collect, on="user_id")
df_active = pd.merge(df_active, df_cart, on="user_id")
print('用户活跃度统计: \n', df_active.head())

# 按照设计方式计算活跃度
# 对每种行为进行加权处理，浏览的权重为 0.2，收藏的权重为 0.5，加购物车的权重为 0.8
```

```
df_active['active'] = 0.2 * df_active['view'] + \
                      0.5 * df_active['collect'] + \
                      0.8 * df_active['cart']
# 去除无用列
del df_active['view']
del df_active['collect']
del df_active['cart']
print('用户购买频数加权统计：\n', df_active.head())
```

运行代码，可以查看用户活跃度统计合并数据及加权活跃度结果，如图 21.7 所示。

用户活跃度统计：

	user_id	view	collect	cart
0	4913	1658	49	29
1	7528	183	1	24
2	12645	248	2	10
3	63348	223	14	13
4	88930	1529	30	22

用户购买频数加权统计：

	user_id	active
0	4913	379.3
1	7528	56.3
2	12645	58.6
3	63348	62.0
4	88930	338.4

图 21.7 用户活跃度统计合并数据及加权活跃度结果

步骤六：用户购买商品的种类、数量统计。

```
# 用户购买商品的种类、数量
# 该字段可以用于分析用户对商品种类数量的选择情况
df_kind = df[df['behavior_type']==4].groupby('user_id')['item_category'].
count()
df_kind = df_kind.reset_index().rename(columns={'item_category': 'kind_num'})
print('用户购买商品的种类、数量统计：\n', df_kind.head())
```

运行代码，可以查看用户购买商品的种类、数量统计，如图 21.8 所示。

步骤七：用户复购数量统计。

```
# 用户复购数量
# 该字段可以用于分析用户对商品的满意程度
```

```
df_repeat = df[df['behavior_type']==4].groupby('user_id')['item_id'].count()
df_repeat = df_repeat.reset_index().rename(columns={'item_id': 'repeat'})
print('用户复购数量统计: \n', df_repeat.head())
```

运行代码，可以查看用户复购数量统计，如图 21.9 所示。

用户购买商品的种类数量统计：

	user_id	kind_num
0	4913	6
1	6118	1
2	7528	6
3	7591	21
4	12645	8

图 21.8 用户购买商品的种类、数量统计

用户复购数量统计：

	user_id	repeat
0	4913	6
1	6118	1
2	7528	6
3	7591	21
4	12645	8

图 21.9 用户复购数量统计

步骤八：用户活跃时间段统计。

```
# 用户活跃时间段
df_time = df.groupby(['user_id'])['hour'].max()
df_time = df_time.reset_index().rename(columns={'hour': 'time'})
print('用户活跃时间段统计: \n', df_time.head())
```

运行代码，可以查看用户活跃时间段统计，如图 21.10 所示。

用户活跃时间段统计：

	user_id	time
0	4913	23
1	6118	23
2	7528	22
3	7591	23
4	12645	23

图 21.10 用户活跃时间段统计

步骤九：合并信息及保存。

```
# 合并关键字段信息
df = pd.merge(df_buy, df_active, on="user_id")
df = pd.merge(df, df_repeat, on="user_id")
df = pd.merge(df, df_time, on="user_id")
df = pd.merge(df, df_kind, on="user_id")
print('合并后数据: \n', df.head())
```

```
# 存储数据集后续使用
df.to_csv('pre1.csv', index=None)
```

运行代码，可保存临时处理文件 pre1.csv 作为后续处理应用数据集。

3）建模与评估

对之前处理的数据进行 *k*-Means 算法聚类操作，并根据实际结果进行分析和处理。创建代码 03modeling_evaluation.py，目录结构如图 21.1 所示。建模与评估主要包含以下步骤。

步骤一：数据展示。

```
import numpy as np
np.random.seed(123)
import pandas as pd
pd.set_option('display.max_columns', None)
import matplotlib.pyplot as plt
plt.rcParams["font.family"] = ["SimHei"]
plt.rcParams["axes.unicode_minus"] = False
from sklearn.preprocessing import MinMaxScaler
from sklearn.cluster import KMeans
from sklearn.metrics import silhouette_score
import warnings
warnings.filterwarnings('ignore')

df = pd.read_csv('pre1.csv', index_col='user_id')
print(df.head())
```

运行代码，显示前 5 行数据信息，如图 21.11 所示。

```
             fre   active  repeat  time  kind_num
user_id
88930       19.0   338.4      23    23        23
247543      16.8   234.2      23    23        23
475826      98.8  1539.0     110    23       110
501286      19.2   225.1      15    23        15
704891      21.8   269.5      26    23        26
```

图 21.11　前 5 行数据信息

步骤二：采用 *k*-Means 算法对数据进行聚类处理。

```
# 特征缩放处理
x = MinMaxScaler().fit_transform(df)
# 使用 k-Means 算法配合手肘法、轮廓系数法查找最佳 k 值
```

```
# 手肘法参数
sse = []
# 轮廓系数法参数
ss = []
# 分别查看k从2到9的不同效果
for k in range(2, 10, 1):
    model = KMeans(k)
    model.fit(x)
    label = model.predict(x)
    sse.append(model.inertia_)
    ss.append(silhouette_score(x, label))

plt.plot(range(2, 10, 1), sse)
plt.title('手肘法效果')
plt.show()

plt.plot(range(2, 10, 1), ss)
plt.title('轮廓系数法效果')
plt.show()
```

运行代码，可以得到手肘法效果（见图 21.12）和轮廓系数法效果（见图 21.13）。由此分析，k 为 2~4 时，评分数值较高。

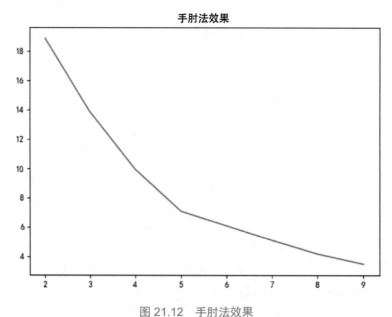

图 21.12 手肘法效果

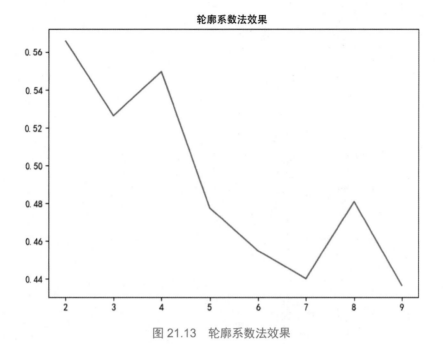

图 21.13　轮廓系数法效果

步骤三：利用雷达图分析最佳 *k* 值。

```
# 根据手肘法和轮廓系数法对最优参数进行分析
# k 分别取 2、3、4 时，查看雷达图效果
for k in (2, 3, 4):
    model = KMeans(k)
    model.fit(x)
    # 简单打印结果
    r1 = pd.Series(model.labels_).value_counts()  #统计各个类别的数目
    r2 = pd.DataFrame(model.cluster_centers_)  #找出质心
    # 找出所有簇中心坐标值中的最大值和最小值
    max = r2.values.max()
    min = r2.values.min()
    r = pd.concat([r2, r1], axis = 1)  #横向连接（0是纵向），得到质心对应类别数目
    r.columns = list(df.columns) + [u'类别数目']  #重命名表头

    # 绘图
    fig=plt.figure(figsize=(15, 12))
    ax = fig.add_subplot(111, polar=True)
    center_num = r.values
```

```python
        feature = ['购买频数', '用户活跃度', '用户复购情况', '用户活跃时间', '购买种
类、数量']
        N =len(feature)
        for i, v in enumerate(center_num):# 枚举 3
            # 设置雷达图的角度，用于平分切开一个圆面
            angles=np.linspace(0, 2*np.pi, N, endpoint=False)
            # 为了使雷达图一圈封闭起来，需要执行以下步骤
            center = np.concatenate((v[:-1],[v[0]]))
            angles=np.concatenate((angles,[angles[0]]))
            # 绘制折线图
            ax.plot(angles, center, 'o-', linewidth=2, label = "第%d 簇人群,%d 人
"% (i+1,v[-1]))
            # 填充颜色
            ax.fill(angles, center, alpha=0.25)
            # 添加每个特征的标签
            ax.set_thetagrids(angles * 180/np.pi,
                            np.concatenate((feature,[feature[0]])), fontsize=15)
            # 设置雷达图的范围，可以显示全部数据
            ax.set_ylim(min-0.1, max+0.1)
            # 添加标题
            plt.title('用户特征分析图', fontsize=20)
            # 添加网格线
            ax.grid(True)
            # 设置图例
            plt.legend(fontsize=15)

        # 显示图形
        plt.show()
```

运行代码，分别查看 k=2、k=3、k=4 时的雷达图（见图 21.14、图 21.15、图 21.16），根据雷达图效果，在 k=3 时，3 个簇之间的差别值较大，可以很好地表达各个簇的特点。根据用户画像分析，第 1 簇人群属于重要用户，第 2 簇人群属于一般用户，第 3 簇人群属于大用户。

步骤四：绘图预处理。

```python
# 统计各个簇的人群信息，方便绘图分析
model = KMeans(3)
model.fit(x)
r1 = pd.Series(model.labels_).value_counts() #统计各个类别的数目
print(r1)
```

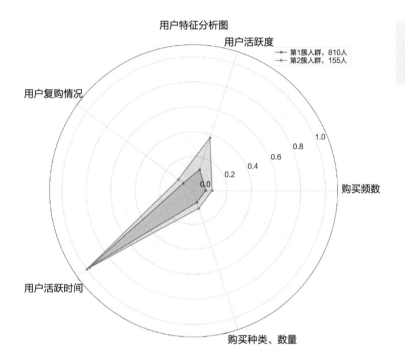

图 21.14　k=2 时的雷达图效果

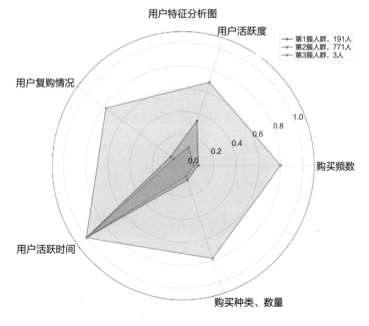

图 21.15　k=3 时的雷达图效果

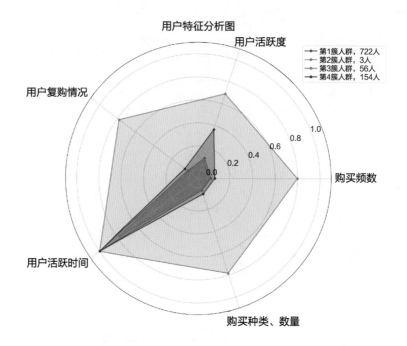

图 21.16　*k*=4 雷达图效果

运行代码，显示 *k*=3 时聚类运行的效果，如图 21.17 所示。

```
1       767
0       195
2         3
dtype: int64
```

图 21.17　*k*=3 时聚类运行的效果

步骤五：可视化用户占比。

```python
dataCount = r1
labels = ['一般用户', '重要用户', '大用户']
dataLenth = len(labels)
fig = plt.figure(figsize=(10,8))
explode = [0.01]*dataLenth
plt.pie(dataCount,explode,labels=labels,autopct="%1.1f%%")
plt.title("用户群数量占比")

# 保存并显示
plt.show()
```

　　运行代码，显示各类用户的占比（见图 21.18），可以看出，一般用户的占比超过 50%，由此分析，该商店可以通过促销提升用户购买率，创造更多价值。

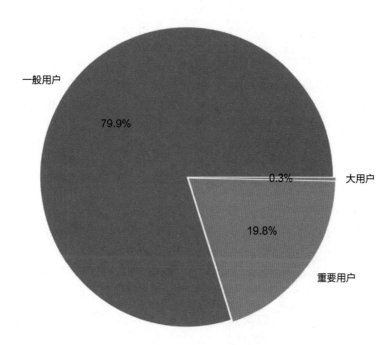

图 21.18　各类用户的占比

4. 案例小结

本案例使用数据集进行用户画像分析。

对于本案例可以总结出以下经验。

（1）用户活跃时间一项的数据比较密集，对其进行聚类处理的效果不好。

（2）大用户仅 3 名，数据量较少，可以合并为 2 个簇。

（3）使用用户画像对字段进行处理，可以很好地总结出用户的状态特点。

本章总结

- 采用用户画像有助于分析出更多的字段，还有助于进行聚类分析、处理。
- 判断采用 k-Means 算法的聚类效果的优劣可以根据肘部法、轮廓系数法及雷达图进行。

- 用户画像可以应用于互联网、电商等领域，以便更好地进行项目深耕。

作业与练习

1. [单选题]雷达图可以应用于（　　　）算法的分析、处理。

    A．*k*-Means   B．逻辑回归   C．随机森林   D．SVM

2. [多选题]用户画像的应用场景是（　　　）。

    A．精准营销   B．用户统计   C．服务产品   D．行业报告

3. [单选题]词频处理结束后，一般后续会进行（　　　）。

    A．降维   B．jieba 分词

    C．停用词处理   D．直接预测

4. [单选题]关于欠采样处理数据会造成的结果有（　　　）。

    A．数据容易过拟合

    B．部分模型不支持欠采样

    C．造成大部分数据无法使用，数据浪费

    D．正常，对模型无法产生影响

ML-21-c-001

5. [多选题]用户画像的原则是（　　　）。

    A．目标   B．方式   C．标准   D．验证